PROBABILIDADES Y UTILIDADES EN LA RULETA

Las Matemáticas de las Apuestas Complejas

$$\Sigma$$

$$\Pi$$

Cătălin Bărboianu
Raúl Guerrero

INFAROM Publishing
Matemáticas pura y aplicada
office@infarom.com
http://books.infarom.ro
http://www.infarom.com
http://probability.infarom.ro

ISBN 978-973-1991-04-7

Editorial: **INFAROM**
Autor: **Cătălin Bărboianu**
Co-autor y traductor: **Raúl Guerrero**

Contenidos

Introducción

La ruleta ha sido por mucho tiempo el juego de azar más popular. Su popularidad no sólo viene de su historia y reglas, sino que también está relacionada con las matemáticas.

El primer tipo de ruleta fue concebido en la Francia del siglo XVIII.

El juego se ha jugado en su forma actual desde 1796 en Paris. La descripción conocida más antigua del juego de la ruleta en su forma actual se encuentra en una novela francesa "La Roulette, ou le Jour" por Jaques Lablee, que describe una rueda de ruleta en el Palais Royal (Palacio Real) en Paris en 1796. El libro fue publicado en 1801. Una referencia aún más antigua de un juego con este nombre fue publicada en las normativas para Quebec Francesa en 1758.

En 1842, los franceses François y Louis Blanc añadieron el "0" a la rueda de la ruleta para obtener una ventaja para la casa. A principios del siglo XVII, la ruleta fue traída a los Estados Unidos, donde, para incrementar aún más las probabilidades, un segundo cero, "00" fue introducido. En algunos tipos de las primeras ruedas de ruletas americanas, existieron números del 1 al 28, más un cero, un doble cero y una Águila Americana. El pago en cualquiera de los números incluyendo los ceros y el águila era 27 a 1. A partir del siglo XIX, la ruleta se extendió por toda Europa y los Estados Unidos, llegando a ser uno de los más famosos y más populares juegos de casino.

Una leyenda cuenta que François Blanc hipotéticamente negocio con el diablo para obtener los secretos del la ruleta. La leyenda está basada en el hecho que la suma de todos los números de la rueda de la ruleta (desde 1 al 36) es 666, que es el "Número de la Bestia".

Por supuesto, esta historia nada tiene que ver con las matemáticas de la ruleta, con todo y eso la ruleta ofrece los más relevantes experimentos demostrando las aplicaciones básicas de la teoría de la probabilidad. Aunado a esto, las interpretaciones de la probabilidad en lo que se refiere a las predicciones siempre conllevan un sentido de lo místico.

Algo que hace a la ruleta tan popular entre los jugadores es la transparencia del juego. Todas sus partes están visibles: Los números sobre la mesa, sobre la rueda, la bola girando y cayendo, no hay que adivinar cartas escondidas, no hay que leer las intenciones de los oponentes, no hay que influir en el curso de cada juego con una estrategia. Solamente colocamos nuestra apuesta y esperamos que la bola caiga. Esta transparencia también permite calcular fácilmente las probabilidades involucradas, lo cual contribuye a la popularidad del juego.

A diferencia del póker, en que sólo los matemáticos pueden calcular las probabilidades de algunas categorías de sucesos, en la ruleta cualquier jugador puede rápidamente calcular y memorizar las probabilidades de ganar o perder una apuesta sencilla, y aún algunas complejas.

Aún así, para que un sistema sea apropiado (uno que no sea contradictorio pero si rentable), no solamente las probabilidades deben ser conocidas, sino también la estructura correcta de las apuestas complejas y el manejo de los riesgos.

Y de eso es lo que trata este libro.

Cualquier jugador de ruleta que juega regularmente sabe que cada pago está aproximadamente en proporción inversa a la probabilidad de ganar esa apuesta, sin importar el margen de la casa. Esto hace de la ruleta un juego bastante justo.

Otra importante atracción es la posibilidad sin restricciones de combinaciones para las apuestas colocadas en la mesa. Un jugador puede colocar apuestas cuando él o ella lo deseen, de acuerdo con su propio sistema y criterio de apuestas.

Algunas de las apuestas complejas mejoradas pueden incrementar las probabilidades de ganar hasta por sobre el 90%, como verá en este libro. Esta es una probabilidad ganadora que no verá en ningún otro juego de azar.

Todos estos factores hacen de la ruleta el juego de mayor popularidad y una posible forma de ganarse la vida para muchos jugadores, aunque sea por cortos periodos de tiempo.

Estadísticamente, entre los jugadores que más regularmente juegan un mismo juego están los jugadores de ruleta. Ha sido matemáticamente probado que, en condiciones ideales de aleatoriedad, no es posible que hayan ganancias a largo plazo para jugadores de juegos de azar; por lo tanto, jugar no es una buena opción para ganarse la vida. La mayoría de jugadores aceptan esta premisa, pero siguen trabajando en estrategias que los harán ganar a un largo plazo.

Jugar usando una estrategia a largo plazo para alcanzar un resultado positivo acumulado significa ignorar la aleatoriedad y omitir los experimentos que dan resultados negativos. Esta estrategia es posible sólo si un jugador ha tenido acceso a alguna información paranormal— ¡alguien tiene que tener el conocimiento previo y poder decirle al jugador cuando jugar y cuando no! Hasta que esta ayuda mágica se haga posible, la teoría de la probabilidad sigue siendo la única herramienta que provee alguna información sobre los sucesos de juegos, aún como una frecuencia relativa idealista.

Los jugadores además pueden estar interesados en ganancias aisladas, corriendo el riesgo en un sólo juego o en un juego limitado, con o sin estrategia de juego. No importando la elección de opciones y estrategias, estarán interesados en cuanto sería el riesgo y eso significa probabilidad.

Todos estos factores también significan que no hay una estrategia óptima para jugar ruleta a largo plazo. Aún más, cualquier estrategia debe incluir un criterio personal del jugador (tiempo de juego, cantidad de dinero disponible del jugador, nivel de aceptación del riesgo, y demás), lo cual lo convierte en subjetivo.

Cualquier sistema de apuestas fallará al largo plazo (aún si *a largo plazo* teóricamente signifique *infinito*). Ya sea que usted apueste por medio de un elaborado sistema o simplemente coloque apuestas sencillas, podría ganar a corto o aún a mediano plazo, pero perderá acumulativamente a largo plazo. El mejor enfoque es ganar suficiente al principio con un gran golpe de suerte, luego utilizar una fórmula adecuada de manejo de dinero para darse el tiempo y el dinero y poder llegar al próximo gran golpe de suerte.

Si esto no pasa, un jugador puede tratar de poner una apuesta compleja correlacionando sus parámetros (probabilidades, montos apostados básicos, ganancias y pérdidas), y considerar los factores del criterio de juego personal del jugador para alcanzar ganancias regulares a corto y a mediano plazo.

Nosotros tomamos ese enfoque en este libro: Identifique las apuestas complejas que incrementan la probabilidad total de ganancia, encuentre las correlaciones apropiadas entre sus parámetros para que las apuestas sean no contradictorias pero rentables y haga una lista de todos los resultados numéricos en las mesas. De esas mesas, un jugador puede elegir las apuestas que mejor se ajustan a su criterio de juego.

Esto no es un libro de estrategias de ruleta porque no existen tales estrategias, solo existen sistemas de apuestas. Es más bien una colección de probabilidades y cifras adjuntas a un gran rango de apuestas complejas, reveladas en su completa estructura matemática. Este libro provee solo factores matemáticos y no las así llamadas estrategias ganadoras. A continuación la estructura y contenido de los capítulos importantes.

Reglas de la Ruleta

Este capítulo da a los lectores el conjunto total de reglas de la ruleta: estructura, apuestas, categoría de apuestas y los pagos.

Las Matemáticas de Apoyo

Aquí, las acciones de la ruleta se convierten en experimentos de probabilidades que generan sucesos aleatorios. Usted verá el espacio muestral, el campo de sucesos y el espacio probabilístico en que se resuelven las probabilidades numéricas de la ruleta.

Nosotros también presentamos las propiedades y fórmulas de la probabilidad que se usaron, como apoyo teórico.

Además, consideraremos un modelo matemático de una apuesta y los parámetros en los que depende una apuesta.

Definimos las apuestas complejas y apuestas complejas mejoradas con respecto a la probabilidad y a todos los parámetros involucrados en una apuesta.

Cualquier persona con el mínimo de formación matemática puede seguir este capítulo porque requiere solamente aritmética básica y destrezas algebraicas. Por otro lado, los lectores que están solamente interesados en resultados directos pueden saltarse este capítulo e ir a las tablas de los resultados que vendrán más adelante.

Aún más, los próximos capítulos presentan **apuestas complejas mejoradas;** cada uno exponiendo una categoría de dichas apuestas.

Todos los resultados numéricos se presentan en tablas y los valores de probabilidad resueltos tanto para la ruleta americana como la europea.

Apuestas repetidas

El último capítulo trata con apuestas repetidas en las diversas categorías, incluyendo el martingala, y hace una lista de probabilidades para cada uno de los posibles sucesos involucrados en rachas de hasta 100.

Reglas de la Ruleta

La ruleta es un juego simple y fácil de aprender. Ofrece una gran variedad de apuestas y combinaciones de apuestas.

La rueda de la ruleta tiene 36 números del 1 al 36, un "0" y normalmente un "00". La mayoría de los casinos de los Estados Unidos tienen "00" así como el "0", por lo que tienen 38 números. Esto es lo que se llama ruleta americana. La mayoría de los casinos europeos tienen sólo el "0", sin un "00", por lo que tienen 37 números. Esto es lo que se llama ruleta europea.

Los jugadores colocan sus apuestas sobre los números o grupos de números; una meta del jugador es predecir el número ganador o las propiedades de ese número (color, paridad, tamaño, o lugar en la mesa de la ruleta). Cada juego consiste en colocar apuestas y esperar por el número que se genera al azar haciendo rodar la bola que vendrá a parar dentro de un disco en el que los números están inscritos (la rueda de la ruleta) que a su vez está girando, pero en la dirección opuesta. Las apuestas se colocan sobre la mesa de la ruleta, la cual está diseñada para permitir que los jugadores coloquen fichas prepagadas sobre varias combinaciones o serie de números.

Los números son de color rojo y negro alternadamente con el "0" y "00" en verde.

El juego comienza cuando los jugadores han colocado la mayoría de sus apuestas poniendo fichas sobre el tapete numerado. El crupier entonces hace rodar la bola blanca. Las apuestas pueden ser colocadas hasta que la bola este lista para salir del carril y caer en la rueda de la ruleta que está girando. En este punto, el crupier anuncia "No más apuestas." Entonces la bola cae en un número dentro de la rueda, el crupier coloca un marcador sobre el número ganador y las apuestas se pagarán como corresponde. Por una apuesta ganada, el crupier devuelve al jugador el monto apostado en la apuesta más ese mismo monto multiplicado por el margen que se paga. Por la apuesta perdida, el crupier toma el monto apostado de la mesa.

Las fichas (también conocidas como "cheques"), oscilan en su valor y se le pueden comprar al crupier. Los jugadores pueden hacer tantas apuestas como quieran en un sólo juego, pero los montos apostados tienen sus límites establecidos en parte por cada casino. Los mínimos de las mesas están anunciados en cada ruleta.

Los jugadores apuestan colocando sus fichas en uno o varios campos en la mesa de la ruleta. Hay muchas diferentes apuestas que pueden hacerse en una mesa de ruleta:

De 1 solo número (Pleno): Cualquier número en la mesa. (Ejemplo: 00, 5, 22, etc.)

De 2 números (Dividido o Semipleno) Colocando una apuesta en la línea divisoria de dos números colindantes en la mesa. Cuando esta apuesta es colocada, esta apostando en que uno de los dos números aparecerá. (Ejemplo: 13 y 14, 22 y 25.)

De 3 números (Callejón o Calle) Colocar una apuesta en cualquiera de tres números colindantes en la mesa. Para colocar esta apuesta, ponga sus fichas en la línea a la izquierda del primer número en la serie. (Ejemplo: 16, 17, 18. La apuesta sería colocada en la línea izquierda de la caja alrededor del 16.)

De 4 números (Esquina o Cuadro) Colocando una apuesta en cuatro números cuya posición en la mesa hacen un recuadro. Para hacer esta apuesta, coloque sus fichas en la línea en el centro del recuadro. (Ejemplo: 11, 12, 14, 15. La apuesta sería colocada en medio del recuadro de la esquina en común formada por estos cuatro números.

De 6 números (Línea) Colocar una apuesta en seis números distribuidos en dos filas de tres números cada una. Para hacer esta apuesta, coloque sus fichas en la línea a la izquierda del primer número en la serie y entre las dos filas de números. (Ejemplo: 31, 32, 33, 34, 35, 36. La apuesta estaría colocada en la línea a la izquierda del 31 y 34 y en la línea que divide las dos filas.)

De 12 números (Docena): Hay tres diferentes maneras de hacer esta apuesta. Usted puede apostar que el número que va a salir será del "1er 12", "2do 12" o "3er 12". Esto significa que el número estará en el primer grupo de 12 números (1 – 12), en el segundo grupo (13 – 24) o en el tercer grupo (25 – 36). Observe que ninguno de estos grupos incluye el "0" o "00". Para hacer esta apuesta, coloque sus fichas en la sección marcada "1er 12", "2do 12" o "3er 12".

De 12 números (Columna): Hay tres diferentes maneras de hacer esta apuesta también. Usted puede apostar que el número que va a salir estará en la primer columna (1,4,7,10, 13, 16, 19, 22, 25, 28, 31, 34), en la segunda columna (2, 5, 8, 11, 14, 17, 20, 23, 26,

29, 32, 35) o en la tercer columna (3, 6, 9, 12, 15, 18, 21, 24, 27, 30, 33, 36). Para hacer esta apuesta, coloque sus fichas en el extremo inferior del recuadro de la columna en la que usted desea apostar.

Dependiendo de cómo sean colocadas las fichas en la mesa de la ruleta, estas apuestas tienen dos categorías: Apuestas internas o externas. Las dos tablas a continuación anotan todas las posibles apuestas, junto con una breve descripción y sus pagos correspondientes.

Apuesta interna	Descripción	Paga
Pleno	Una apuesta directamente en un solo número	35 a 1
Semipleno	Una apuesta dividida en dos números cualquiera	17 a 1
Apuesta en Callejón	Una apuesta en una fila de tres números	11 a 1
Apuesta de Esquinas	Una apuesta en 4 números	8 a 1
Apuesta en Línea	Una apuesta en 6 números sobre 2 filas	5 a 1

Apuesta externa	Descripción	Paga
Apuesta en Columna	Una apuesta que cubre 12 números de una columna	2 a 1
Apuesta Docena	Una apuesta que cubre una serie de 12 números bajos (1-12) medio (13-24) y altos (25-36)	2 a 1
Apuesta en Color	Una apuesta en rojo o negro	1 a 1
Apuesta en Par/Impar	Una apuesta en par o impar	1 a 1
Apuesta a Bajos/Altos	Una apuesta de 1-18 o de 19-36	1 a 1

Lo que se paga representa el coeficiente para multiplicar el monto apostado en una apuesta ganadora.

Por ejemplo, si apuesta $3 en una columna (paga 2 a 1) y un número de esa columna gana, recibirá $3 x 2 = $6, junto con el monto apostado de sus $3 iniciales.

Si hace una apuesta semipleno de $2 (paga 17 a 1) y uno de esos dos números gana, recibirá $2 x 17 = $34, junto con el monto apostado sus de $2 iniciales.

Si hace una apuesta a un color (paga 1 a 1) y su color gana, recibirá el monto apostado más otro monto igual a lo apostado.

La imagen a continuación da ejemplos de cómo se colocan las apuestas en la mesa de la ruleta.

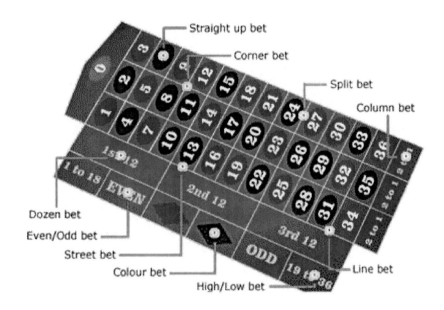

Los pagos pueden variar de un casino a otro, pero usualmente no son muy diferentes a los que hemos anotado aquí.

Aplicación de las Matemáticas Básicas

La aplicación de la teoría de la probabilidad en juegos de apuestas es un proceso simple porque un espacio muestral finito puede ser ligado a cualquier juego de azar. En algunos juegos, los cálculos de probabilidad para algunos sucesos pueden tornarse más difíciles debido a su estructura, pero aplicar la teoría es muy natural y simple en cualquier parte de este campo.

El espacio muestral finito y la aleatoriedad de los sucesos (ya sea lanzando dados, sacando cartas o girando ruedas) nos permiten construir un modelo simple de probabilidad para trabajar dentro y encontrar las probabilidades numéricas de los sucesos relacionados con ese juego.

Este modelo asume un campo de probabilidad finito en el que el campo de los sucesos es el conjunto de partes de un espacio muestral (e implícitamente es finito) y la función de probabilidad es obtenida por la definición clásica de la probabilidad. En este campo de probabilidad, cualquier suceso, no importa su complejidad, puede ser descompuesto en sucesos elementales. Por tanto, encontrar la probabilidad de un suceso compuesto significa aplicar algunas propiedades de la probabilidad y hacer algunos cálculos algebraicos.

Entre todos los juegos de azar, la ruleta tiene la distinción de ser el más fácil de los juegos con respecto a los cálculos de probabilidad. Esto porque los sucesos elementales son elementos unidimensionales, los números en la rueda de la ruleta. Aún los dados no permiten cálculos que sean más fáciles porque los juegos que requiere el uso de dados involucran combinaciones de números.

Por el contrario, los juegos de cartas (póker de descarte, por ejemplo) son conocidos por poseer las probabilidades más difíciles de calcular.

En ruleta, cualquiera con un mínimo conocimiento matemático puede hacer sus aplicaciones y cálculos de probabilidad. Todos los cálculos básicos involucran solamente aritmética y operaciones algebraicas básicas, pero en cierto punto algunos problemas se convierten en cuestión de habilidad matemática, especialmente los que involucran sucesos repetidos.

Para aquellos interesados en mejorar sus habilidades de cálculo de la probabilidad y obtener resultados de probabilidad correctos para cualquier juego de azar, recomendamos la guía del principiante, *Entendiendo las Probabilidades y Calculándolas*, la cual está llena de aplicaciones del juego de apuestas.

El capítulo de matemática se dedica principalmente al modelo matemático de una apuesta de ruleta: la definición de apuestas complejas, la función de utilidad y sus propiedades, y la relación equivalente entre las apuestas y sus propiedades.

Vamos a ver ahora como la teoría de la probabilidad puede ser aplicada en la ruleta y como se obtuvieron los resultados de la probabilidad numérica en este libro.

El espacio probabilístico

Como en todo juego de azar, estamos interesados en hacer predicciones para los sucesos relacionados a los resultados de la ruleta.

En ruleta, no hay oponentes o un crupier en el juego, así que los únicos sucesos con que se trata son los resultados de la máquina—la rueda de la ruleta. Estos sucesos pueden describirse como las incidencias de ciertos números o grupos de números que tienen una propiedad en particular (color, paridad, tamaño, o lugar en la mesa de la ruleta).

Cada giro de la rueda es un experimento generando un resultado: un número del 1 al 36 más 0 (en la ruleta europea), o más 0 y 00 (en la ruleta americana). El conjunto de estos resultados es el espacio probabilístico de este experimento. El espacio muestral es el conjunto de todos los sucesos elementales (Ej., sucesos que no pueden ser descompuestos como una unión de otros sucesos no vacíos). Es natural tomar como sucesos elementales cualquier número que pueda producirse como resultado de un giro. Esta elección es conveniente porque nos permite idealizar lo siguiente: *las incidencias de los sucesos elementales son igualmente probables.*

14

En nuestro caso, los sucesos de cualquier número es posible en la misma medida (si asumimos un giro al azar y condiciones no fraudulentas).

Sin esta idealización *igualmente posible*, la construcción de un modelo de probabilidad que trabaje aquí no es posible.

Hemos establecido los sucesos elementales y el espacio muestral ligados a un giro como siendo el conjunto de todos los sucesos elementales posibles.

Entonces, el espacio muestral en la ruleta europea es el conjunto:
{0, 1, 2, 3, 4, 5, 6, 7, 8, 9, 10, 11, 12, 13, 14, 15, 16, 17, 18, 19, 20, 21, 22, 23, 24, 25, 26, 27, 28, 29, 30, 31, 32, 33, 34, 35, 36}
y el espacio muestral en la ruleta americana es el conjunto:
{00, 0, 1, 2, 3, 4, 5, 6, 7, 8, 9, 10, 11, 12, 13, 14, 15, 16, 17, 18, 19, 20, 21, 22, 23, 24, 25, 26, 27, 28, 29, 30, 31, 32, 33, 34, 35, 36}, los cuales son conjuntos finitos.

El campo de sucesos es entonces el conjunto de las partes del campo muestral y es implícitamente finito. Como un conjunto de partes de un conjunto, el campo de sucesos es un álgebra de Boole.

Cualquier suceso perteneciente al campo de los sucesos, no importa su complejidad, puede descomponerse como una unión de sucesos elementales. Debido a que los sucesos están identificados con conjuntos de números y de axiomas de una álgebra de Boole, las operaciones entre los sucesos (unión, intersección, complementario) se revierten a las operaciones entre los conjuntos de números. Por lo tanto, cualquier conteo de sucesos elementales (por ejemplo, los sucesos elementales de los que consiste un suceso compuesto) se revierte a contar números.

Como ejemplos:

El suceso *número rojo* o *incidencia de un número rojo* es el conjunto de sucesos elementales
$A = \{1, 3, 5, 7, 9, 12, 14, 16, 18, 19, 21, 23, 25, 27, 30, 32, 34\}$.

El suceso *números pares* es el conjunto de sucesos elementales
$B = \{2, 4, 6, 8, 10, 12, 14, 16, 18, 20, 22, 24, 26, 28, 30, 32, 34, 36\}$.

El suceso *segunda columna* es el conjunto de sucesos elementales
$C = \{2, 5, 8, 11, 14, 17, 20, 23, 26, 29, 32, 35\}$.

El suceso *número rojo y par* será el conjunto de sucesos elementales $A \cap B = \{12, 14, 16, 18, 30, 32, 34\}$.

El suceso *número rojo o par* será el conjunto de sucesos elementales $A \cup B = \{1, 2, 3, 4, 5, 6, 7, 8, 9, 10, 12, 14, 16, 18, 19, 20, 21, 22, 23, 24, 25, 26, 27, 28, 30, 32, 34, 36\}$.

El suceso *número par de la segunda columna* es el conjunto de sucesos elementales $B \cap C = \{2, 8, 14, 20, 26, 32,\}$.

Hasta aquí, hemos establecido rigurosamente un espacio muestral y un campo de sucesos:
- los sucesos elementales son los números en la rueda de la ruleta.
- el espacio muestral (Ω) es el conjunto de números en la rueda de la ruleta (Ω podría ser 37 o 38 elementos);
- el campo de sucesos es el conjunto de las partes del campo muestral ($\Sigma = \mathcal{P}(\Omega)$) y tiene una estructura Booleana.
Este campo de sucesos se puede usar como un ámbito para una función P obtenida por la definición clásica de probabilidad en un campo finito de sucesos con sucesos de elementos igualmente probables:

La probabilidad P de un suceso A es la razón entre el número de situaciones favorables para que A ocurra y el número de situaciones igualmente probables.

En un campo finito de sucesos, P es una función $P : \Sigma \to R$ que satisface los siguientes axiomas:
(1) $P(A) \geq 0$ para cualquier $A \in \Sigma$;
(2) $P(\Omega) = 1$;
(3) $P(A_1 \cup A_2) = P(A_1) + P(A_2)$, para cualquier $A_1, A_2 \in \Sigma$ que $A_1 \cap A_2 = \phi$.

Por consiguiente, P es una función de probabilidad y hemos construido un espacio probabilístico (campo) (Ω, Σ, P) que asegura un modelo de probabilidad básica riguroso en la cual se puede trabajar cualquier aplicación para el juego de la ruleta.

Las propiedades y fórmulas de la probabilidad que se utilizan

Debido a que tratamos en todas las aplicaciones con un espacio probabilístico finito con sucesos elementales igualmente probables, el cálculo de la probabilidad usa pocas propiedades básicas de probabilidad, empezando con la definición clásica:

(F1) $P = m/n$ (la probabilidad de un suceso es la razón entre el número de casos favorables para que ese suceso ocurra y el número de casos igualmente probables) (la clásica definición de probabilidad)

Esta fórmula se usa a gran escala a través de todo el libro, especialmente para calcular las probabilidades de sucesos que implican apuestas simples. Se aplica dividiendo el número total de números favorables para que cierto suceso ocurra por el total de todos los números posibles (37 o 38).

(F2) $P(A_1 \cup A_2) = P(A_1) + P(A_2)$, para cualquier $A_1, A_2 \in \Sigma$ con $A_1 \cap A_2 = \phi$
y su generalización:

(F3) $P\left(\bigcup_{i=1}^{n} A_i\right) = \sum_{i=1}^{n} P(A_i)$, para cualquier familia de los finitos de sucesos mutuamente excluyentes $(A_i)_{i=1}^{n}$ (finito aditivo en condición de incompatibilidad)

Estas propiedades de finito aditivas fueron usadas para calcular las probabilidades totales de ganancias o perdidas para apuestas complejas.

(F4) $P(A^C) = 1 - P(A)$ (probabilidad de un suceso contrario)

Esta propiedad primaria se usa en toda parte donde sepamos que la probabilidad del suceso es contraria al suceso a medir.

(F5) $P(A \cup B) = P(A) + P(B) - P(A \cap B)$ (fórmula general de la probabilidad de unión de dos sucesos) y su generalización:

$$(F6) \quad P(A_1 \cup A_2 \cup ... \cup A_n) = \sum_{i=1}^{n} P(A_i) - \sum_{j<i} P(A_i \cap A_j) +$$
$$+ \sum_{i<j<k} P(A_i \cap A_j \cap A_k) + ... + (-1)^{n-1} P(A_1 \cap A_2 \cap ... \cap A_n).$$

Esta propiedad es también llamada *el principio de inclusión y exclusión*.

A continuación como se aplica la Fórmula (F6):

Tenemos n sucesos y queremos calcular la probabilidad de su unión. Consideramos consecutivamente todas las combinaciones de un elemento, combinaciones de 2 elementos y así sucesivamente hasta llegar a combinaciones de n elementos de los sucesos n (tenemos una combinación única de un elemento y una combinación única de elementos n). Adicionamos las probabilidades de las intersecciones de cada grupo de las combinaciones del mismo tamaño. Para los grupos de combinaciones que tienen un número par como una dimensión, el resultado total es añadir con negativo (substraer). Para aquellos con un número impar como una dimensión, el resultado total es añadir con adición (sumar).

Nosotros usamos el principio de inclusión y exclusión cuando evaluamos la probabilidad de acertarle a la cobertura de una apuesta compleja.

(F7) $P(A \cap B) = P(A) \cdot P(B)$, si los sucesos A y B son independientes (la definición de sucesos independientes).

Usamos esta definición para resolver la probabilidad de la incidencia de dos sucesos ciertos (o el mismo suceso, en el sentido de sus definiciones literalmente idénticas) después de dos giros.

(F8) Esquema Bernoulli

Considere que n experimentos independientes se realizan. En cada experimento, el suceso A puede ocurrir con probabilidad p y no ocurrir con probabilidad $q = 1 - p$.

Expresamos la probabilidad de que un suceso A que ocurra exactamente m veces en los n experimentos.

Sea B_m el suceso *A que ocurre exactamente* m *veces en los* n *experimentos.* Representamos con $P_{m,n}$ la probabilidad $P(B_m)$.

Tenemos entonces:

$$P(B_m) = P_{m,n} = \underbrace{p^m q^{n-m} + \ldots + p^m q^{n-m}}_{C_n^m \; times} = C_n^m p^m q^{n-m}.$$

Las probabilidades $P_{m,n}$ tienen la forma de los términos del desarrollo del binomio $(p+q)^n$.

Usamos el esquema y fórmula Bernoulli para calcular las probabilidades para las diversas apuestas repetidas en la última sección.

(F9) Expectativa matemática

Si X es una variable aleatoria discreta con valores x_i y probabilidades correspondientes p_i, $i \in I$, la suma $M(X) = \sum_{i \in I} x_i \cdot p_i$ se llama expectativa matemática, valor esperado o medio de la variable X.

La meta de esta sección es resaltar los resultados y fórmulas teóricas que usan en nuestras aplicaciones. Su aplicación detallada está presente en las secciones en las que se utilizan.

Para los lectores que quieren ahondar más profundo en la teoría de la probabilidad y sus aplicaciones, recomendamos la guía del principiante *Entendiendo las Probabilidades y Calculándolas.*

Apuestas simples

Cuando se apuesta en la ruleta, nos interesa la probabilidad de ganar o de perder, y el monto de ganancia que podamos obtener o perder. Estas dependen, por supuesto, en los montos apostados que nosotros aportamos.

De hecho, dependen de los montos apostados básicos que se invierten cada vez que coloquemos una apuesta.

La probabilidad de ganar, la probabilidad de perder, y posible utilidad y pérdida son criterios objetivos para un jugador cuando decide el tipo de apuesta que hace en cierto momento o que sistema de apuesta va a ejecutar.

Aparte de estos criterios objetivos, hay también criterios subjetivos relacionados con el comportamiento personal de juego de apuesta de un jugador.

Sin embargo, en este libro vamos a tratar solamente con el criterio objetivo, que estará estrictamente relacionado con las matemáticas.

Nosotros llamamos una *apuesta sencilla* a una apuesta que es hecha a través de una sola colocación de fichas sobre la mesa de la ruleta.

Así que, si colocamos fichas en cualquier número o monto en un solo lugar en la mesa, hemos hecho una apuesta sencilla.

Si el resultado después de hacer girar la rueda es un número en el que hemos apostado, ganamos la apuesta y la utilidad en esa apuesta, que es el monto apostado multiplicado por lo que paga. Si el resultado no es favorable, perdemos lo invertido. Esto aplica a cualquier apuesta que hagamos.

Por lo tanto, toda apuesta interna o externa descrita en el capítulo titulado *Las Reglas de la Ruleta* son apuestas sencillas.

La tabla a continuación anota las probabilidades ganadoras para cada categoría de apuesta sencilla, tanto para la ruleta europea como la americana:

Apuesta sencilla	Probabilidad ruleta europea	Probabilidad ruleta americana	Paga
Pleno	1/37 = 2,70% (36 : 1)	1/38 = 2,63% (37 : 1)	35 a 1
Semipleno	2/37 = 5,40% (17,5 : 1)	2/38 = 5,26% (18 : 1)	17 a 1
Apuesta en Callejón	3/37 = 8,10% (11,3 : 1)	3/38 = 7,89% (11,6 : 1)	11 a 1
Apuesta en Esquinas	4/37 = 10,81% (8,2 : 1)	4/38 = 10,52% (8,5 : 1)	8 a 1
Apuesta en Línea	6/37 = 16,21% (5,1 : 1)	6/38 = 15,78% (5,3 : 1)	5 a 1
Apuesta en Columna	12/37 = 32,43% (2 : 1)	12/38 = 31,57% (2,1 : 1)	2 a 1
Apuesta en Docena	12/37 = 32,43% (2 : 1)	12/38 = 31,57% (2,1 : 1)	2 a 1
Apuesta en Color	18/37 = 48,64% (1,0 : 1)	18/38 = 47,36% (1,1 : 1)	1 a 1
Apuesta en Par/Impar	18/37 = 48,64% (1,0 : 1)	18/38 = 47,36% (1,1 : 1)	1 a 1
Apuesta en Bajos/Altos	18/37 = 48,64% (1,0 : 1)	18/38 = 47,36% (1,1 : 1)	1 a 1

Las probabilidades de ganar una apuesta sencilla son aproximadamente iguales en la ruleta americana como en la europea (la diferencia varía desde 1/1406 en el caso de una apuesta en un número hasta cerca de 1/78 en el caso de una apuesta en color).

Las probabilidades de sucesos específicos unidos al experimento de hacer girar la rueda de la ruleta son fácilmente calculables—cada probabilidad se obtiene de la razón entre el total de números favorables y 37 o 38.

La tabla muestra 10 categorías de apuestas sencillas, cada una contiene diversas colocaciones específicas. Vamos a contar todas las posibles colocaciones de apuestas sencillas.

Apuesta en Pleno
Ruleta americana 38 colocaciones
Ruleta europea 37 colocaciones, una por cada número

Apuesta en Semipleno

El número exacto depende de las reglas de cada casino con respecto a dividir una apuesta con el número 0 ó 00. Hacemos el cálculo y nuestro supuesto es que la ruleta europea permite 1,2 y 3 en un semipleno con 0, pero la ruleta americana permite sólo 1 con 0 y sólo 3 con 00.

Ruleta americana: 59 colocaciones

Si ignoramos 0 y 00, tenemos 2 posibles colocaciones horizontales en cada callejón y 11 posibles colocaciones verticales en cada columna para una apuesta en callejón. Por consiguiente, tenemos 12 x 2 = 25 posibles colocaciones horizontales y 11 x 3 = 33 posibles colocaciones verticales. Al totalizar estas con 2 colocaciones para semiplenos con 0 ó 00, obtenemos 24 + 33 + 2 = 59 posibles colocaciones.

Ruleta europea: 60 colocaciones

Si ignoramos 0, todavía tenemos 24 + 33 = 57 posibles colocaciones. Agregando 3 colocaciones más para 0, obtenemos 60 posibles colocaciones.

Apuesta en Callejón

Tenemos 12 callejones que contienen números que están alineados tres en fila (los números del 1 al 36), así que tenemos 12 posibles colocaciones (algunos casinos permiten una apuesta especial en callejón como en 0, 1, 2 ó 0, 2, 3; estas no se encuentran contempladas aquí).

Apuesta en Esquina

Podemos colocar una apuesta en esquina en cada cruce interno (esto es, un cruce que no se encuentre en un margen de la mesa) del recuadro conteniendo los números del 1 al 36. Entonces tenemos 11 x 2 = 22 posibles colocaciones.

Apuesta en Línea

Podemos colocar una apuesta en línea en cada cruce externo del recuadro que contiene los números del 1 al 36, así que tenemos 11 posibles colocaciones para una apuesta en línea.

Apuesta en Columna

Por supuesto, tenemos 3 posibles colocaciones, una por cada columna.

Apuesta en Docena

Todavía hay 3 posibles colocaciones, una por cada docena.

Apuesta en Color

Tenemos 2 posibles colocaciones, una por cada color.

Apuesta en Par/Impar y apuesta en Bajos/Altos cada uno tiene 2 posibles colocaciones también.

Cuando totalizamos, podemos afirmar que tenemos 154 posibles apuestas sencillas.

Esta afirmación es rigurosa si identificamos una apuesta con su colocación, pero una apuesta está determinada no sólo por colocar las fichas, sino también por el monto de la apuesta. De hecho, el número de todas las apuestas sencillas posibles es infinito (bajo la idealización que cualquier división de fichas en menores cantidades es posible, aún cuando sólo permitan apuestas limitadas).

Vamos a indicar con R el conjunto de todos los números de la ruleta. Cualquier apuesta que sea colocada se convierte en un subconjunto de R, o un elemento $\mathcal{P}(R)$.

Indiquemos con $\mathcal{A}$ el conjunto de grupos de números de R permitidos para una apuesta hecha a través de una única colocación.

Por ejemplo, $\{2\} \in \mathcal{A}$ (apuesta pleno), $\{16, 17\} \in \mathcal{A}$ (apuesta semipleno), $\{11, 12, 14, 15\} \in \mathcal{A}$ (apuesta en esquinas), $\{1, 3, 5, 7, 9, 11, 13, 15, 17, 19, 21, 23, 25, 27, 29, 31, 33, 35\} \in \mathcal{A}$ (apuesta en impar), $\{0, 19\} \notin \mathcal{A}$ (los números 0 y 19 no pueden estar cubiertos por una única colocación permitida).

Por el anterior escrutinio, $\mathcal{A}$ tiene 154 elementos; el número de colocaciones únicas permitidas.

Como mencionamos anteriormente, una apuesta sencilla está determinada únicamente por la colocación y el monto apostado.

Podemos definir una apuesta sencilla como un par (A, S), donde $A \in \mathcal{A}$ y $S > 0$ es un número real.

A es la colocación (el conjunto de números cubierto por la apuesta) y *S* es el monto básico apostado (la cantidad de dinero en fichas).

Debido a que cada apuesta sencilla tiene un pago definido por las reglas de la ruleta, podemos considerar una apuesta sencilla como una triple (A, p_A, S), donde p_A es un número natural (el coeficiente de multiplicación del monto apostado en caso de ganar), que es determinado únicamente por *A*.

Tenemos que $p_A \in \{1, 2, 5, 8, 11, 17, 35\}$, de acuerdo a las reglas de la ruleta. La probabilidad de ganar una apuesta sencilla se vuelve

$$P(A) = \frac{|A|}{|R|},$$ donde $|A|$ significa la cardinalidad del conjunto *A*. Por

supuesto, $|R|$ podría ser 38 o 37, dependiendo del tipo de ruleta (americana o europea, respectivamente).

Si un jugador coloca una apuesta sencilla $B = (A, p_A, S)$, existen dos posibilidades después de hacer girar la ruleta:

1) Un número de *A* gana y el jugador obtiene una utilidad (ganancia) positiva del monto apostado de $p_A S$ o

2) Un número de $R - A$ gana y el jugador obtiene una utilidad negativa, perdiendo el monto apostado *S*.

Para una apuesta sencilla determinada *B*, podemos definir la siguiente función:

$W_B : R \to \mathbb{R}$, $W_B(e) = 1_A(e) p_A S - 1_{R-A}(e) S$, donde $\mathbb{R}$ es el conjunto de los números reales y 1_A es la función característica de

un conjunto: $1_A(x) = \begin{cases} 1, & x \in A \\ 0, & x \notin A \end{cases}$

$W_B(e)$ puede ser también escrito como:

$W_B(e) = 1_A(e) p_A S - [1 - 1_A(e)]S = [1_A(e)(p_A + 1) - 1]S$

La función W_B es llamada la *utilidad* de la apuesta *B*, aplicando la convención que la utilidad puede también ser negativa (una pérdida).

La variable e es el resultado de hacerla girar. Si $e \in A$ (el jugador gana la apuesta B), el jugador entonces obtiene la utilidad positiva $p_A S$, y si $e \notin A$ (el jugador pierde la apuesta B), entonces el jugador obtiene una utilidad negativa de $-S$ (perder un monto igual a S como resultado de esa apuesta).

Ejemplo:
Encontremos la probabilidad de ganar una apuesta semipleno en los números (19, 22) con un monto de $3, y la utilidad de esa apuesta en la ruleta americana.

Tenemos $A = \{19, 22\}$, $p_A = 17$, $S = \$3$.
La probabilidad de ganar la apuesta es:
$P(A) = 2/38 = 1/19 = 5{,}26\%$
La utilidad es:

$$W_B(e) = \left[1_A(e) \cdot 18 - 1 \right] \cdot 3 = \begin{cases} 51, & e \in \{19, 22\} \\ -3, & e \in \{19, 22\} \end{cases}$$

Así que, si 19 o 22 aparecen, el jugador gana $51. Si no, el jugador pierde $3.

Apuestas complejas

La ruleta permite que los jugadores extiendan sus fichas en cualquier parte sobre la mesa siempre que sigan las reglas de colocación. En otras palabras, un jugador puede hacer múltiples colocaciones de distintos montos de apuesta simultáneamente.

Podemos llamar a estas colocaciones simultáneas *apuestas complejas*. Una apuesta compleja consiste en varias colocaciones de distintos montos de apuesta, así que una apuesta compleja es una familia de apuestas simples.

El número de posibles colocaciones es enorme. Si identificamos una colocación con el conjunto de números que la contiene, este número es en realidad el número de todos los subconjuntos del conjunto $\mathcal{A}$.

Aunque A tiene 154 elementos, el número de sus subconjuntos es 2^{154}, lo que es un número de 47 dígitos.

Matemáticamente, una apuesta compleja puede describirse a como sigue:

Definición:
Llamamos una *apuesta compleja* a cualquier familia finita de los pares $B = \left(A_i, s_i \right)_{i \in I}$ con $A_i \in A$ y $s_i > 0$ números reales, por cada $i \in I$ (I es un conjunto finito de índices consecutivos empezando con 1).

Cada par $\left(A_i, s_i \right)$ es una apuesta simple, su colocación cubre el conjunto de números A_i y su monto apostado básico es s_i.

Por tanto, definimos una apuesta compleja como una familia de apuestas sencillas.

Por supuesto, si $|I| = 1$, entonces B se torna en una apuesta simple.

Podemos también denotar la apuesta B con el triple $\left(A_i, p_i, s_i \right)$, donde p_i es lo que paga cada apuesta sencilla A_i.

Denotamos con $\mathcal{B}$ el conjunto de todas las apuestas posibles (sencillas o complejas).

Definición:
La apuesta compleja B se dice que es *disjunta* si el conjunto A_i es mutuamente excluyente.

Ejemplo: Si apostamos el monto s_1 en los números altos, el monto s_2 en el callejón $\{4, 5, 6\}$ y el monto s_3 en el semipleno $\{10, 11\}$, hemos hecho una apuesta compleja disjunta porque los conjuntos $\{19, 20, ..., 36\}$, $\{4, 5, 6\}$ y $\{10, 11\}$ son mutuamente excluyentes.

Si, en vez de un semipleno $\{10, 11\}$ elegimos el semipleno $\{18, 21\}$, la apuesta ya no es disjunta porque $\{19, 20, ..., 36\} \cap \{18, 21\} = \{21\} \neq \phi$.

Dependiendo del resultado del giro de la ruleta, una apuesta compleja puede resultar en un gane o una pérdida. El monto posible de este gane o pérdida depende directamente en lo que paga las colocaciones y los montos básicos apostados.

Para una apuesta compleja $B = (A_i, s_i)_{1 \leq i \leq n}$, suponga que el resultado e pertenece a los conjuntos $A_1, A_2, ..., A_m$ y no pertenece a los conjuntos $A_{m+1}, ..., A_n$.

La utilidad del jugador en esta situación, que podría ser negativa o no negativa, es:

$$p_1 s_1 + p_2 s_2 + ... + p_m s_m - s_{m+1} - ... - s_n$$

Definición:

Sea $B = (A_i, s_i)_{i \in I}$ apuesta compleja. La función $W_B : R \to \mathbb{R}$,

$W_B(e) = \sum_{i \in I} s_i [1_{A_i}(e) + 1_{A_i}(e) p_i - 1]$ se llama la utilidad de la apuesta B.

Para cada apuesta B, la función W_B puede tomar valores negativos o no negativos. Esta función expresa el monto neto que gana o pierde el jugador después del giro como un resultado de la apuesta del jugador.

Observe que la función W_B no es constante en cada uno de los conjuntos A_i. Para $e \in A_i$, el número de conjuntos A_j que contienen e podrían ser más que uno y no es constante, lo que significa que la suma en la expresión $W_B(e)$ tiene un número diferente de términos positivos o negativos para cada e.

Observación 1:

Si $B = (A_i, s_i)_{i \in I}$ es disjunta, entonces W_B es constante con cada A_i.

La comprobación es obvia: Debido a que los conjuntos A_i son mutuamente excluyentes, este resultado $e \in A_i$ pertenece sólo a A_i y no pertenece a otros conjuntos A_j ($j \neq i$). Entonces,

$$W_B(e) = s_i p_i - \sum_{j \in I - \{i\}} s_j \quad \text{para cada } e \in A_i.$$

<u>Observación 2:</u>
W_B es constante en $R - \bigcup_{i \in I} A_i$ para toda familia $(A_i)_{i \in I}$ de conjuntos de $\mathcal{A}$.

Si $e \in R - \bigcup_{i \in I} A_i$, entonces $e \notin A_i$ para todo $i \in I$. Por lo tanto, $W_B(e) = -\sum_{i \in I} s_i$. El valor es negativo, así que no siempre hay una pérdida cuando el resultado no es cubierto por una colocación.

<u>Definición:</u>
Una apuesta compleja B se dice ser *contradictoria* si $W_B(e) < 0$ por cada $e \in R$.

Esto significa que tal apuesta resultará en una pérdida, no importa el resultado del giro de la ruleta.
Una apuesta que no es contradictoria se llama *no contradictoria*.

Ejemplos:

1) Si apostamos con los mismos montos básicos S en cada uno de los 38 números en la ruleta americana (38 apuestas plenos), esta apuesta compleja tiene una utilidad de $35S - 37S = -2S$ no importando el resultado ($W_B(e) < 0$ por cada $e \in R$), así que es contradictoria.

2) Si apostamos el mismo monto básico S en cada número del 1 al 18 y apostamos el monto cS en Altos, donde $c \neq 18$ es un coeficiente de valor real, la utilidad de esta apuesta compleja está a continuación:
Si un número del 1 al 18 aparece, la utilidad es
$35S - 17S - cS = (18 - c)S$.
Si un número alto aparece, la utilidad es $cS - 18S = (c - 18)S$.
Si 0 ó 00 aparecen, la utilidad es negativa, eso es
$-cS - 18S = -(c + 18)S$.
Si $18 - c > 0$, entonces la apuesta podría tener una utilidad positiva (para los números 1 al 18).

Si $18 - c < 0$, entonces $c - 18 > 0$ y la apuesta podría tener todavía una utilidad positiva (par números del 19 al 36).

Por consiguiente, la apuesta compleja es no contradictoria para toda $c \neq 18$.

Obviamente, ningún jugador elegirá hacer una apuesta contradictoria, porque siempre traerá pérdida, asumiendo, por supuesto, que el jugador sabe que la apuesta es contradictoria.

Ahora consideremos las probabilidades involucradas en una apuesta compleja. Primero, ¿Cuál es la probabilidad de ganar al menos una apuesta sencilla?

Para una apuesta compleja $B = \left(A_i, s_i \right)_{i \in I}$, la probabilidad de ganar al menos una apuesta sencilla es $P\left(\bigcup_{i \in I} A_i \right)$.

Generalmente, los conjuntos no son mutuamente excluyentes, así que si queremos calcular concretamente la probabilidad de su unión debemos aplicar el principio de inclusión-exclusión considerando todas las intersecciones entre ellos.

En aras de la simplicidad, utilizaremos las siguientes representaciones para las colocaciones externas:

Rojo – el conjunto de números rojos
Negro – el conjunto de números negros
Bajo – el conjunto de números bajos (del 1 al 18)
Alto – el conjunto de números altos (del 19 al 36)
Par – el conjunto de números pares
Impar – el conjunto de números impares
1erD – la primera docena de números (del 1 al 12)
2daD – la segunda docena de números (del 13 al 24)
3eraD – la tercera docena de números (del 25 al 36)
1eraC – la primera columna
2daC – la segunda columna
3erC – la tercera columna

Además, utilizaremos la siguiente representación para las apuestas internas: *spl* (semipleno), *str* (callejón), *cor* (esquina), *lin* (línea), seguida por el conjunto de números incluidos.

Por ejemplo, *spl*{22,25} es el semipleno en 22 y 25, *cor*{10,11,13,14} es la apuesta en esquina en 10, 11, 13, 14, y así sucesivamente.

Ejemplo:

Para una apuesta que consiste en las colocaciones que se dan a continuación, Rojo, Alto y Primera columna, vamos a evaluar la probabilidad de ganar al menos una apuesta en la ruleta americana.

Por supuesto, podemos ignorar los riesgos porque tal probabilidad sólo involucra los conjuntos.

Rojo = {1, 3, 5, 7, 9, 12, 14, 16, 18, 19, 21, 23, 25, 27, 30, 32, 34, 36},
Altos = {19, 20, 21, 22, 23, 24, 25, 26, 27, 28, 29, 30, 31, 32, 33, 34, 35, 36}, 1erC = {1, 4, 7, 10, 13, 16, 19, 22, 25, 28, 31}.

Por supuesto, $P(Rojo) = P(Alto) = 18/38$; $P(1erC) = 12/38$.

Ahora tomemos todas las intercesiones de 2 elementos, cuyo número $C_3^2 = 3$:

Rojo $\cap$ Alto = {19, 21, 23, 25, 27, 30, 32, 34, 36}
Rojo $\cap$ 1erC = {1, 7, 16, 19, 25, 34}
Alto $\cap$ 1erC = {19, 22, 25, 28, 31, 34}

Ahora tomamos las intersecciones de 3 elementos, de las cuales hay sólo una: Rojo $\cap$ Alto $\cap$ 1erC = {19, 25, 34}. Tenemos:

$P(Rojo \cap Alto) = 9/38$
$P(Rojo \cap 1erC) = 6/38$
$P(Alto \cap 1erC) = 6/38$
$P(Rojo \cap Alto \cap 1erC) = 3/38$

Ahora podemos reemplazar todos los valores en la expresión del principio inclusión-exclusión y obtener:

$P(Rojo \cup Alto \cup 1erC) = 18/38 + 18/38 + 12/38 - (9/38 + 6/38 + 6/38) + 3/38 = 30/38 = 78,94\%$.

Esta es la probabilidad de ganar al menos una de las tres apuestas sencillas que fueron hechas.

Para toda apuesta compleja, podemos calcular la probabilidad de ganar al menos dos así como tres o más apuestas sencillas. Algunos de esos cálculos son fáciles y algunos pueden tornarse en expresiones numéricas sobrecargadas.

La unión $\bigcup_{i \in I} A_i$ se le llama el alcance de la apuesta compleja B y es un subconjunto de $\mathbb{R}$.

La probabilidad del número que se cubrirá por la apuesta es

entonces $\dfrac{\left|\bigcup_{i \in I} A_i\right|}{|R|}$. Para calcular el valor numérico de esta

probabilidad para una apuesta compleja específica, debemos contar el número de elementos de la unión del numerador.

Si los conjuntos A_i son mutuamente excluyentes, la cardinalidad de sus uniones es la suma de sus cardinalidades y la probabilidad es

$\dfrac{\sum_{i \in I}|A_i|}{|R|}$. Si los conjuntos A_i no son mutuamente excluyentes, la

cardinalidad de sus uniones es contada por el mismo principio de inclusión-exclusión, a pesar de la probabilidad:

$$\left|\bigcup_{i \in I} A_i\right| = \sum_{i \in I}|A_i| - \sum_{i<j}\left|A_i \cap A_j\right| + \sum_{i<j<k}\left|A_i \cap A_j \cap A_k\right| + \ldots +$$
$$+ (-1)^{|I|-1}\left|A_1 \cap A_2 \cap \ldots \cap A_{|I|}\right|$$

Observe que si dividimos por $|R|$ ambas partes de la igualdad arriba, todos los términos se vuelven probabilidades y obtenemos el principio de inclusión y exclusión de la teoría de la probabilidad.

Por tanto, se puede deducir lo siguiente:

<u>Declaración 1</u>
La probabilidad de ganar al menos una apuesta simple dentro de una apuesta compleja es igual a la probabilidad de acertarle a un número cubierto por la apuesta compleja.

Pero los jugadores tienen poco interés en estas probabilidades de ganar una apuesta parcial o acertarle a un número cubierto por las apuestas. En vez de eso, están interesados en conocer la probabilidad de hacer una utilidad no negativa para una apuesta compleja dada.

Si $B = \left(A_i, s_i\right)_{i \in I}$ es una apuesta compleja, la probabilidad de obtener una utilidad no negativa es la probabilidad de la función de utilidad W_B para tomar valores no negativos. Esta probabilidad es $P(\{e \in R, W_B(e) \geq 0\})$. Si consideramos la expresión W_B desde su definición podemos observar que, en esa forma, no podemos calcular directamente esta última probabilidad para una apuesta específica B porque un resultado de e podría pertenecer a más de un conjunto A_i y W_B no es constante en cada conjunto A_i.

Declaración 2
La función W_B es una función en escalera (una función en escalera es una función que es una constante en cada conjunto perteneciente a una partición o su dominio).

Para comprobarlo, utilizamos el siguiente resultado clásico de la teoría de conjuntos:

Teorema A
Si S es una algebra de conjuntos y $(A_i)_{i \in I}$ es una familia finita de conjuntos de S, entonces existe una familia finita $(E_j)_{j \in J}$ de conjuntos mutuamente excluyentes de S tales que $\bigcup_{j \in J} E_j = \bigcup_{i \in I} A_i$ y, por cada $j \in J$, tenemos:
1) E_j está incluida en uno o más conjuntos A_i;
2) Si $E_j \not\subset A_i$, entonces $E_j \cap A_i = \phi$.

En otras palabras, para cualquier familia de conjuntos finitos existe una partición de su unión de tal forma que cada conjuntos de esa partición esta incluida en al menos un conjunto A_i y no tiene elementos en común con ningún otro conjunto A_i que no lo incluya. (Una partición de un conjunto es una familia de conjuntos mutuamente excluyentes que agota el conjunto inicial.)

Consecuencia de Teorema A
Cada conjunto A_i está partido por un número finito de conjuntos E_j.

Nosotros no presentamos aquí la comprobación completa de este teorema, pero detallamos la construcción de una partición $\mathcal{P}$ que obedece a las condiciones del Teorema A. Esta construcción es útil en nuestras aplicaciones con la ruleta:

La familia de conjuntos $\mathcal{P}$ está construida usando el procedimiento descrito a continuación.

Si los conjuntos $(A_i)_{i\in I}$ son mutuamente excluyentes, entonces tomamos $\mathcal{P} = (A_i)_{i\in I}$.

Trabajamos en el caso de que no sean mutuamente excluyentes. Entre los conjuntos A_i, identificamos dos tipos:

1. conjuntos A_i teniendo la propiedad $A_i \cap \bigcup_{j\neq i} A_j = \phi$ (los

conjuntos que no intersectan a ninguno de los demás) y

2. conjuntos A_i teniendo la propiedad $A_i \cap \bigcup_{j\neq i} A_j \neq \phi$ (los

conjuntos que intersectan al menos uno de los demás).

Introducimos en $\mathcal{P}$ todos los conjuntos de tipo 1.

Para cada conjunto tipo 2, introducimos en $\mathcal{P}$ el conjunto

$$A_i - \bigcup_{j\neq i} A_j \neq \phi.$$

Todavía para los conjuntos de tipo 2, consideramos todas las posibles intersecciones no vacías entre ellos, las cuales están representadas a continuación:

Ψ_2 es el conjunto de todos las intersecciones de dimensión 2,

Ψ_3 es el conjunto de todos las intersecciones de dimensión 3,

....

Ψ_m es el conjunto de todos las intersecciones de dimensión m.

Para cada i, los elementos de Ψ_i son conjuntos no vacíos, lo cual significa que cada uno de los conjuntos i de una intersección de tamaño i se encuentran uno con el otro.

m es el número máximo de conjuntos que se intersectan el uno con el otro.

Obviamente, al menos un conjunto Ψ_i no está vacío, porque los conjuntos $(A_i)_{i\in I}$ son mutuamente excluyentes.

Empezamos con Ψ_m:

Introducimos en $\mathcal{P}$ todos los conjuntos de Ψ_m.

Luego, vamos a Ψ_{m-1}:

Si $\Psi_{m-1} \neq \phi$, consideramos todos los conjuntos de Ψ_{m-1} que no incluyen conjuntos de Ψ_m (intersecciones de dimensión $m-1$ que no incluyen intersecciones de dimensión m) y las introduce todas en $\mathcal{P}$ (si existen).

Consideremos ahora el restante de los conjuntos de Ψ_{m-1} (aquellos que contienen los conjuntos de Ψ_m, si existen): Si $C \in \Psi_{m-1}$ y $C_1, ..., C_k \in \Psi_m$ son todos los conjuntos de tal forma que $C_i \subset C, \forall i = \overline{1,k}$, tomamos el conjunto $C - \bigcup\limits_{i=1}^{k} C_i$ y lo introducimos en $\mathcal{P}$. Si $\Psi_{m-1} = \phi$, vamos a Ψ_{m-2}.

Luego vamos a Ψ_{m-2} y repetimos el algoritmo:

Si $\Psi_{m-2} \neq \phi$, consideramos todos los conjuntos de Ψ_{m-2} que no incluyen conjuntos de Ψ_{m-1} (intersecciones de dimensión $m-2$ que no incluyen intersecciones de dimensión $m-1$) y los introduce todos en $\mathcal{P}$. Consideremos ahora el restante de los conjuntos de Ψ_{m-2} (aquellos que contienen los conjuntos de Ψ_{m-1}, si existen): Si $C \in \Psi_{m-2}$ y $C_1, ..., C_k \in \Psi_{m-1}$ son todos conjuntos de tal forma que $C_i \subset C, \forall i = \overline{1,k}$, tomamos el conjunto $C - \bigcup\limits_{i=1}^{k} C_i$ y lo introducimos en $\mathcal{P}$. Si $\Psi_{m-2} = \phi$, vamos a Ψ_{m-3}. Luego vamos a Ψ_{m-3}.

Luego, repetimos el algoritmo anterior hasta Ψ_2.

De esta manera, hemos construido una familia de conjuntos $\mathcal{P}$ que contienen:

- los conjuntos A_i del tipo 1

- cada conjunto $A_i - \bigcup\limits_{j \neq i} A_j$, donde A_i es un conjunto del tipo 2

- todos los conjuntos Ψ_m

- por cada j, todos los conjuntos Ψ_j que no contengan los conjuntos de Ψ_{j+1}

- por cada j y cada conjunto C de Ψ_j que contengan los conjuntos de Ψ_{j+1}, cada conjunto $C - \bigcup_{i=1}^{k} C_i$, donde C_i son todos los conjuntos de Ψ_{j+1} incluidos en C.

Esta familia $\mathcal{P}$ se sujeta a las condiciones del Teorema A: es una partición de la unión de todos los conjuntos A_i, y obedece a las condiciones 1) y 2).

Un ejemplo ilustrativo de cómo trabaja el procedimiento anterior en la práctica se verá a continuación:

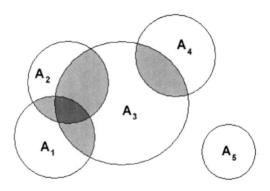

Tenemos cinco conjuntos sets A_i, que no son mutuamente excluyentes, como se ve en la figura. Entre ellos, A_5 es del tipo 1 y los otros son del tipo 2. Así que, colocamos A_5 en $\mathcal{P}$.

$A_1 - (A_2 \cup A_3 \cup A_4 \cup A_5) = A_1 - (A_2 \cup A_3)$, el cual es otro conjunto que se coloca en $\mathcal{P}$.

$A_2 - (A_1 \cup A_3 \cup A_4 \cup A_5) = A_2 - (A_1 \cup A_3)$; colóquelo en $\mathcal{P}$.

$A_3 - (A_1 \cup A_2 \cup A_4 \cup A_5) = A_3 - (A_1 \cup A_2 \cup A_4)$; colóquelo en $\mathcal{P}$.

$A_4 - (A_1 \cup A_2 \cup A_3 \cup A_5) = A_4 - A_3$; colóquelo en $\mathcal{P}$.

Ahora vaya a las intersecciones entre los conjuntos A_i:

$\Psi_2 = \{(A_1 \cap A_2), (A_2 \cap A_3), (A_1 \cap A_3), (A_3 \cap A_4)\}$

$\Psi_3 = \{(A_1 \cap A_2 \cap A_3)\}$

El tamaño máximo de una intersección no vacía es 3.

Coloque $A_1 \cap A_2 \cap A_3$ en $\mathcal{P}$.

Ahora vaya a Ψ_2. La única intersección de dimensión 2 que no contiene la intersección de dimensión 3 es $A_3 \cap A_4$. Colóquelo en $\mathcal{P}$.

Para los restantes conjuntos Ψ_2, tenemos:

$(A_1 \cap A_2) \supset (A_1 \cap A_2 \cap A_3)$; coloque $(A_1 \cap A_2) - (A_1 \cap A_2 \cap A_3)$ en $\mathcal{P}$.

$(A_2 \cap A_3) \supset (A_1 \cap A_2 \cap A_3)$; coloque $(A_2 \cap A_3) - (A_1 \cap A_2 \cap A_3)$ en $\mathcal{P}$.

$(A_1 \cap A_3) \supset (A_1 \cap A_2 \cap A_3)$; coloque $(A_1 \cap A_3) - (A_1 \cap A_2 \cap A_3)$ en $\mathcal{P}$.

Acumulando todos los conjuntos seleccionados, encontramos que la partición es:

$\mathcal{P} = \{A_5, A_1 - (A_2 \cup A_3), A_2 - (A_1 \cup A_3), A_4 - A_3, A_1 \cap A_2 \cap A_3,$
$(A_1 \cap A_2) - (A_1 \cap A_2 \cap A_3), (A_2 \cap A_3) - (A_1 \cap A_2 \cap A_3),$
$(A_1 \cap A_3) - (A_1 \cap A_2 \cap A_3)\}$

Si los conjuntos A_i son finitos, el procedimiento anterior no necesita ser reproducido a como se describe teóricamente porque los conjuntos formando la partición puede ser fácilmente visualizada a través de diagramas de Venn. Aquí tenemos dos ejemplos:

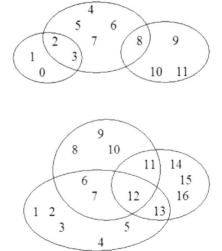

El primer ejemplo tiene los conjuntos finitos $A_1 = \{0, 1, 2, 3\}$, $A_2 = \{2, 3, 4, 5, 6, 7, 8\}$ y $A_3 = \{8, 9, 10, 11\}$, los cuales no son mutuamente excluyentes.

Una partición que obedece las condiciones del Teorema A consiste de los conjuntos $E_1 = \{0, 1\}$, $E_2 = \{2, 3\}$, $E_3 = \{4, 5, 6, 7\}$, $E_4 = \{8\}$ y $E_5 = \{9, 10, 11\}$. Por supuesto, son mutuamente excluyentes.

El segundo ejemplo contiene los conjuntos finitos $A_1 = \{1, 2, 3, 4, 5, 6, 7, 12, 13\}$, $A_2 = \{6, 7, 8, 9, 10, 11, 12\}$ y $A_3 = \{11, 12, 13, 14, 15, 16\}$, los que no son mutuamente excluyentes.

Una partición que obedece las condiciones del Teorema A consiste en los conjuntos finitos $E_1 = \{1, 2, 3, 4, 5\}$, $E_2 = \{6, 7\}$, $E_3 = \{12\}$, $E_4 = \{13\}$, $E_5 = \{8, 9, 10\}$, $E_6 = \{11\}$ y $E_7 = \{14, 15, 16\}$.

Esta no es la única opción para construir la partición. También podría ser construida a partir de los conjuntos más pequeños, hasta llegar a los conjuntos que consisten en un solo elemento.

Pero de todas las particiones que satisfacen las condiciones del Teorema A, la que se construyó con este procedimiento es la más corta (la medida de la partición es la cardinalidad de los conjuntos de índices J del teorema.

Volvamos a la comprobación de la Declaración 2.

Si B es disjunta, entonces los conjuntos $(A_i)_{i \in I}$ junto con $R - \bigcup_{i \in I} A_i$ forman una partición de R.

De acuerdo a las observaciones 1 y 2, la función W_B es constante en cada uno de estos conjuntos, así que es una función escalera.

Si B no es disjunta:

De acuerdo al teorema y construcción anterior, para cada apuesta compleja $B = (A_i, s_i)_{i \in I}$ existe una familia de conjuntos mutuamente excluyentes $(E_j)_{j \in J}$ forma una partición para la cobertura de B y para cada conjunto A_i.

Debido a esa construcción, los elementos de cada conjunto E_j pertenecen a ciertos conjuntos iguales en A_i y no al resto de los conjuntos A_i. Esto es, si $e \in E_j$ y los únicos conjuntos que contienen e son $A_{j_1}, ..., A_{j_k}$, entonces, si $e \neq e' \in E_j$, e' pertenece a los mismos conjuntos $A_{j_1}, ..., A_{j_k}$ y $e' \notin \bigcup_{p \in I - \{j_1, ..., j_k\}} A_p$.

Más preciso, para cada conjunto E_j, existe un número finito de conjuntos $A_{j_1}, A_{j_2}, ..., A_{j_{k(j)}}$, con $j_1, j_2, ..., j_{k(j)} \in I$, de tal manera que $E_j \subset A_{j_t}$ para toda $t = 1, ..., k(j)$ y $E_j \cap \bigcup_{p \in I - \{j_1, ..., j_{k(j)}\}} A_p = \phi$. El número $k(j)$ está determinado simplemente por j.

Entonces, para $e \in E_j$, tenemos:

$$W_B(e) = \sum_{i \in I} s_i [1_{A_i}(e) + 1_{A_i}(e) p_i - 1] = \sum_{t=1}^{k(j)} s_{j_t} p_{j_t} - \sum_{i \in I - \{j_1, ..., j_{k(j)}\}} s_i$$

De esta manera, podemos observar que W_B está bien determinado y es constante en E_j para cada $j \in J$.

W_B es también constante con $R - \bigcup_{j \in J} E_j$, que es $R - \bigcup_{i \in I} A_i$ (y observamos que $W_B(e) = -\sum_{i \in I} s_i$ para $e \in R - \bigcup_{i \in I} A_i$).

Por tanto, W_B es constante en cada conjunto de la partición que consiste de $R - \bigcup_{i \in I} A_i$. Eso significa que es una función escalera:

$$W_B(e) = \sum_{t=1}^{k(j)} s_{j_t} p_{j_t} - \sum_{i \in I - \{j_1, ..., j_{k(j)}\}} s_i \text{, si } e \in E_j \text{ y}$$

$$W_B(e) = -\sum_{i \in I} s_i \text{, si } e \in R - \bigcup_{i \in I} A_i.$$

Observación 3

Si $(E_j)_{j \in J}$ es una partición de R y $W_B(e) = w_j$ para cada $e \in E_j$, entonces la expectativa matemática de la utilidad de la apuesta B es

$$M(B) = \sum_{j \in J} \frac{|E_j|}{|R|} \cdot w_j.$$

W_B al ser una función escalera, nos permite con su forma de escalera calcular directamente la probabilidad de esta función para tomar valores no negativos:

En cada E_j, W_B toma un valor igual (eso significa bien determinado), que podría ser negativo o no negativo.

En $R - \bigcup_{i \in I} A_i$, W_B es negativo.

Así, para evaluar la probabilidad de obtener una utilidad no negativa para una apuesta compleja dada B, debemos identificar aquellos conjuntos E_j en los cuales W_B toma valores no negativos. Sean esos $E_1, ..., E_p$. La probabilidad que se evalúa es entonces

$$P\left(\bigcup_{j=1}^{p} E_j\right) = \sum_{j=1}^{p} P(E_j) = \frac{\sum_{j=1}^{p} |E_j|}{|R|}$$

Por supuesto, conocemos que los conjuntos E_j son mutuamente excluyentes, lo cual nos permite sumar sus probabilidades.

El algoritmo entonces es: tome los conjuntos E_j en los cuales la función de utilidad toma valores no negativos, sume sus cardinalidades y divida el resultado en 37 o 38 (ya sea para la ruleta europea o americana).

Ejemplos:

1) $B = \{(1erD, 5), (Alto, 7), (spl\{18, 21\}, 2)\}$ en ruleta americana.

La apuesta compleja B consiste de tres colocaciones:
- primera docena con un monto apostado de 5
- números altos con un monto apostado de 7
- semipleno en 18 y 21 con un monto apostado de 2
(Estos montos apostados son anotados sin ninguna unidad de medida; los jugadores pueden utilizar monedas o fichas.)

Vamos a calcular la probabilidad de obtener una utilidad no negativa. Tenemos tres conjuntos A_i, con los pagos y los montos apostados respectivos:

$A_1 = \{1, 2, 3, 4, 5, 6, 7, 8, 9, 10, 11, 12\}$, $p_1 = 2$, $s_1 = 5$

$A_2 = \{19, 20, 21, 22, 23, 24, 25, 26, 27, 28, 29, 30, 31, 32, 33, 34, 35, 36\}$

$p_2 = 1$, $s_2 = 7$

$A_3 = \{18, 21\}$, $p_3 = 17$, $s_3 = 2$

Observamos que los conjuntos A_i no son mutuamente excluyentes porque $A_2 \cap A_3 = \{21\}$.

Elegimos ahora la partición de la cubierta a como sigue:

$E_1 = A_1 = \{1, 2, 3, 4, 5, 6, 7, 8, 9, 10, 11, 12\}$; $E_2 = A_2 - (A_2 \cap A_3) =$
$= \{19, 20, 22, 23, 24, 25, 26, 27, 28, 29, 30, 31, 32, 33, 34, 35, 36\}$;
$E_3 = A_2 \cap A_3 = \{21\}$; $E_4 = A_3 - (A_2 \cap A_3) = \{18\}$.

Los conjuntos E_j, $j = 1, 2, 3, 4$ son mutuamente excluyentes y agotan la cubierta de B. Los números de E_1 pertenecen a A_1. Los números de E_2 pertenecen a A_2. Los números de E_3 pertenecen a A_2 y A_3. Los números de E_4 pertenecen a A_3.

En E_1, $W_B(e) = p_1 s_1 - s_2 - s_3 = 10 - 7 - 2 = 1$ (el jugador gana 1).

En E_2, $W_B(e) = p_2 s_2 - s_1 - s_3 = 7 - 5 - 2 = 0$ (el jugador no gana y ni pierde nada).

En E_3, $W_B(e) = p_2 s_2 + p_3 s_3 - s_1 = 7 + 34 - 5 = 36$ (el jugador gana 36).

En E_4, $W_B(e) = p_3 s_3 - s_1 - s_2 = 34 - 5 - 7 = 22$ (el jugador gana 22).

En $R - (E_1 \cup E_2 \cup E_3 \cup E_4)$, $W_B(e) = -s_1 - s_2 - s_3 = -14$ (el jugador pierde 14).

La probabilidad de obtener una utilidad no negativa es:

$$P(e \in R, W_B(e) \geq 0) = \frac{|E_1| + |E_2| + |E_3| + |E_4|}{|R|} =$$

$$= \frac{12 + 17 + 1 + 1}{38} = 81,57\%$$

La probabilidad de perder es:

$$P(e \in R, W_B(e) < 0) = \frac{|R - (E_1 \cup E_2 \cup E_3 \cup E_4)|}{|R|} = \frac{7}{38} = 18,42\%$$

2) $B = \{(Bajos, 8), (\{0\}, 2), (str\{7, 8, 9\}, 3), (str\{28, 29, 30\}, 4)\}$ en la ruleta europea.

Tenemos cuatro conjuntos A_i, con pagos y montos apostados respectivos:
$A_1 = \{1, 2, 3, 4, 5, 6, 7, 8, 9, 10, 11, 12, 13, 14, 15, 16, 17, 18\}$, $p_1 = 1$, $s_1 = 8$; $A_2 = \{0\}$, $p_2 = 35$, $s_2 = 2$; $A_3 = \{7, 8, 9\}$, $p_3 = 11$, $s_3 = 3$; $A_4 = \{28, 29, 30\}$, $p_4 = 11$, $s_4 = 4$.

Observe que los conjuntos A_i no son mutuamente excluyentes porque $A_1 \cap A_3 = \{7, 8, 9\}$.

Elegimos ahora la partición de la cobertura a continuación:
$E_1 = A_2 = \{0\}$;
$E_2 = A_1 - A_3 = \{1, 2, 3, 4, 5, 6, 10, 11, 12, 13, 14, 15, 16, 17, 18\}$
$E_3 = A_3 = \{7, 8, 9\}$; $E_4 = A_4 = \{28, 29, 30\}$.

Los conjuntos E_j, $j = 1, 2, 3, 4$ son mutuamente excluyentes y agotan la cubierta de B. Los números de E_1 pertenece a A_2. Los números de E_2 pertenecen a A_1. Los números de E_3 petenecen a A_1 y A_3. Los números de E_4 pertenecen a A_4.

En E_1, $W_B(e) = p_2 s_2 - s_1 - s_3 - s_4 = 70 - 8 - 3 - 4 = 55$ (el jugador gana 55).

En E_2, $W_B(e) = p_1 s_1 - s_2 - s_3 - s_4 = 8 - 2 - 3 - 4 = -1$ (el jugador pierde 1).

En E_3, $W_B(e) = p_1 s_1 + p_3 s_3 - s_2 - s_4 = 8 + 33 - 2 - 4 = 35$ (el jugador gana 35).

En E_4, $W_B(e) = p_4 s_4 - s_1 - s_2 - s_3 = 44 - 8 - 2 - 3 = 31$ (el jugador gana 31).

En $R - (E_1 \cup E_2 \cup E_3 \cup E_4)$, $W_B(e) = -s_1 - s_2 - s_3 - s_4 = -17$ (el jugador pierde 17).

La probabilidad de obtener una utilidad no negativa es:
$$P(e \in R, W_B(e) \geq 0) = \frac{|E_1| + |E_3| + |E_4|}{|R|} = \frac{1 + 3 + 3}{37} = 18,91\%$$

La probabilidad de perder es:

$$P\left(e \in R, W_B(e) < 0\right) = \frac{\left|E_2\right| + \left|R - \left(E_1 \cup E_2 \cup E_3 \cup E_4\right)\right|}{\left|R\right|} =$$

$$= \frac{15 + 15}{37} = 81,08\%$$

3) La apuesta B consiste de una colocación en la primera columna con un monto apostado S y siete semiplenos mutuamente excluyentes en números externos de la primera columna, cada uno con un monto apostado T. Evaluemos la utilidad de B y encontremos una relación entre S y T de manera tal que la probabilidad sea obtener una utilidad máxima no negativa en la ruleta americana.

Las colocaciones son mutuamente excluyentes (la apuesta B es disjunta): $1erC$ y siete conjuntos de 2 números (semiplenos) (llámense $A_1, A_2, ..., A_7$).

En $1erC$, $W_B(e) = 2S - 7T$.

En cada A_i, $W_B(e) = 17T - S$.

En $R - \left(1stC \cup \bigcup_{i=1}^{7} A_i\right)$, $W_B(e) = -S - 7T < 0, \forall S, T > 0$.

La probabilidad de obtener una utilidad no negativa es la máxima cuando W_B es no negativa en $1erC$ ni tampoco lo es en cada conjunto A_i. Esto equivale a

$$\begin{cases} 2S - 7T \geq 0 \\ 17T - S \geq 0 \end{cases} \Leftrightarrow \frac{7T}{2} \leq S \leq 17T \Leftrightarrow \frac{7}{2} \leq \frac{S}{T} \leq 17$$

Esta es la relación entre S y T para que esa probabilidad sea la máxima. Por ejemplo, un jugador puede elegir, $S = \$4$ y $T = 1\$$.

En este caso, la probabilidad de una utilidad no negativa es

$$\frac{\left|1stC\right| + \left|A_1\right| + ... + \left|A_7\right|}{38} = \frac{12 + 7 \cdot 2}{38} = \frac{26}{38} = 68,42\%.$$

Ejercicios:
Evalúe la probabilidad de ganar o perder para las siguientes apuestas en ruleta americana:
1) $B = \{(Negras, 15), (2daD, 7), (lin\{22, 23, 24, 25, 26, 27\}, 3)\}$
2) $B = \{(Impar, 11), (3erC, 5), (spl\{5, 6\}, 3), (spl\{10, 13\}, 2)\}$
3) $B = \{(Par, 10), (\{5\}, 2), (\{7\}, 2), (\{11\}, 2), (\{25\}, 1)\}$

4) $B = \{(Bajos, 7), (str\{19, 20, 21\}, 3), (cor\{20, 21, 23, 24\}, 4), (\{0\}, 1), (\{35\}, 1)\}$

5) $B = \{(Rojos, 7S), (spl\{8, 11\}, 2S), (spl\{10, 13\}, 2S), (spl\{17, 20\}, 2S), (spl\{26, 29\}, 2S), (\{2\}, S), (\{35\}, S)\}$

6) B consiste en una apuesta de un color rojo con un monto apostado T y 10 apuestas plenos en números negros, cada uno con el monto básico apostado S. Encuentre una relación entre T y S tal que la probabilidad de ganar (utilidad positiva) exceda un 50%.

7) B consiste de una apuesta en $2daD$ con un riesgo T y n apuestas plenos en números externos a la $2daD$ con un monto básico apostado S (n es un número natural, $n < 25$). Encuentre las condiciones en n, T y S tales que la probabilidad de una utilidad no negativa sea la máxima.

Definición:

Las apuestas B y B' se dicen ser *equivalentes* si las funciones W_B y $W_{B'}$, que son funciones escalera, toman los mismos valores respectivamente en los conjuntos del mismo tamaño

Escribimos $B \sim B'$.

Esta definición también se aplica a apuestas sencillas.

(El tamaño de un conjunto finito es la cardinalidad de ese conjunto.)

Para ser más explícito, vimos que la función de utilidad es una función escalera, lo que significa que una partición de su dominio existe de tal manera que la función toma un número finito de diferentes valores, cada valor corresponde a un conjunto de la partición.

Para las dos funciones W_B y $W_{B'}$, la definición dice que sus dos particiones tienen el mismo número de conjuntos, que los conjuntos que forman las dos particiones tienen el mismo número de elementos respectivamente y que las funciones toman el mismo valor respectivamente en cada par de conjuntos correspondientes.

Hablando intuitivamente, las dos "escaleras" tienen la siguiente propiedad: Tienen el mismo número de peldaños, los peldaños tienen la misma anchura y los peldaños que son iguales están posicionados a la misma altura del piso.

Hablando matemáticamente, si tenemos dos particiones $(E_i)_{i \in I}$ y $(E_i')_{i \in I}$ de R, E_i, $E_i' \in \mathcal{A}$ y $W_B = w_i$ en E_i, $W_{B'} = w_i'$ en E_i' para cada $i \in I$, y si $w_i = w_i'$ para cada $i \in I$, entonces decimos las apuestas B y B' son equivalentes.

Es fácil verificar que esa relación "~" es una relación de equivalencia en los conjuntos de todas las posibles apuestas $\mathcal{B}$, que significa que son reflexivas $(B \sim B)$, simétricas (si $B \sim C$ entonces $C \sim B$) y transitiva (si $A \sim B$ y $B \sim C$, entonces $A \sim C$).

Ejemplos:

1) Apuestas $B = (spl\{16, 17\}, S)$ y $B' = (spl\{25, 28\}, S)$ son equivalentes.

B y B' son apuestas sencillas con colocaciones similares y riesgos idénticos:

En $\{16, 17\}$, $W_B = 17S$; En $R - \{16, 17\}$, $W_B = -S$; En $\{25, 28\}$, $W_B' = 17S$; En $R - \{25, 28\}$, $W_{B'} = -S$.

Las condiciones de la definición de apuestas equivalentes están satisfechas (las funciones de utilidad toman los mismos valores, respectivamente, en conjuntos del mismo tamaño).

Generalmente, dos apuestas sencillas teniendo colocaciones del mismo tamaño y el mismo monto apostado son equivalentes.

2) Apuestas $B = (spl\{19, 22\}, 2S)$ y $B' = (spl\{36\}, S)$ son equivalentes.

En $\{19, 22\}$, $W_B = 34S$; En $R - \{19, 22\}$, $W_B = -2S$; En $\{36\}$, $W_{B'} = 34S$; En $R - \{36\}$, $W_{B'} = -S$.

Las dos particiones no tienen conjuntos del mismo tamaño. Aún si quisiéramos descomponer las particiones para obtener el mismo número de conjuntos para cada una, siempre tendríamos diferentes valores para la función de utilidad. Por consiguiente, las apuestas B y B' no son equivalentes.

Lo que sigue a continuación es fácilmente comprobable:

Declaración 3

La condición necesaria y suficiente para que dos apuestas sencillas sean equivalentes es que sus colocaciones sean del mismo tamaño y sus montos apostados sean iguales.

Comprobación:

La implicación " $\Leftarrow$ " es obvia.

Suponga ahora que las apuestas $B = (A, s)$ y $B' = (A', s')$, con $A, A' \in \mathcal{A}$, son equivalentes. Las particiones de sus cubiertas consisten de sólo un elemento (un conjunto, A, y un conjunto set A'), así que es necesario que $|A| = |A'|$.

En A tenemos $W_B = p_A s$ y en A' tenemos $W_{B'} = p_{A'} s'$.

Pero $W_B = W_{B'}$ debido a la equivalencia de las apuestas y $p_A = p_{A'}$ (dos apuestas sencillas con el mismo tamaño de colocaciones tienen el mismo pago). Esto resulta en $s = s'$.

3) Apuestas $B = \{(spl\{4, 5\}, S), (spl\{28, 29\}, T)\}$ y $B' = \{(spl\{4, 7\}, S), (spl\{27, 30\}, T)\}$ son equivalentes.

Para la apuesta B:

En $\{4, 5\}$, $W_B = 17S - T$.

En $\{28, 29\}$, $W_B = 17T - S$.

En $R - \{4, 5, 28, 29\}$, $W_B = -S - T$.

Para la apuesta B':

En $\{4, 7\}$, $W_{B'} = 17S - T$.

En $\{27, 30\}$, $W_{B'} = 17T - S$.

En $R - \{4, 7, 27, 30\}$, $W_{B'} = -S - T$.

Encontramos dos particiones de igual medida en que la función de utilidad toma los mismos valores respectivamente; por consiguiente, $B \sim B'$.

4) Apuestas $B = \{(\{3\}, S), (spl\{16, 17\}, T), (str\{25, 26, 27\}, R)\}$ y $B' = \{(\{0\}, S), (spl\{22, 25\}, T), (str\{31, 32, 33\}, R)\}$ son equivalentes.

Para la apuesta B:

En $\{3\}$, $W_B = 35S - T - R$.

En $\{16, 17\}$, $W_B = 17T - S - R$.

En $\{25, 26, 27\}$, $W_B = 11R - S - T$.

En $R - \{3, 16, 17, 25, 26, 27\}$, $W_B = -S - T - R$.

Para la apuesta B':

En $\{0\}$, $W_{B'} = 35S - T - R$.

En $\{22, 25\}$, $W_{B'} = 17T - S - R$.

En $\{31, 32, 33\}$, $W_{B'} = 11R - S - T$.

En $R - \{0, 22, 25, 31, 32, 33\}$, $W_{B'} = -S - T - R$.

Vemos claramente $B \sim B'$.

En general, tenemos:

<u>Declaración 4</u>

Dos apuestas complejas disjuntas $B = \left(A_i, s_i\right)_{i \in I}$ y $B' = \left(A_i', s_i\right)_{i \in I}$ para las cuales $|A_i| = |A_i'|$ por cada $i \in I$ son equivalentes.

En otras palabras, si dos apuestas disjuntas tienen colocaciones del mismo tamaño y los mismos montos apostados básicos, respectivamente, entonces son equivalentes.

La comprobación es inmediata:

Las dos familias de colocaciones forman dos particiones de las cubiertas de apuestas B y B' (porque son mutuamente excluyentes).

Tenemos también que $p_{A_i} = p_{A_i'}$ para toda i (porque las dos colocaciones tienen la misma medida). Entonces:

En A_i, $W_B = p_{A_i} s_i - \sum_{j \in I - \{i\}} s_j = p_{A_i'} s_i - \sum_{j \in I - \{i\}} s_j$.

El miembro a mano derecha es exactamente el valor de $W_{B'}$ en A_i' (que tiene el mismo tamaño que A_i).

En $R - \bigcup_{i \in I} A_i$, $W_B = -\sum_{i \in I} s_i$. La función $W_{B'}$ toma el mismo valor en $R - \bigcup_{i \in I} A_i'$ tiene el mismo tamaño que $R - \bigcup_{i \in I} A_i$).

Resultando en $B \sim B'$.

Si no aplicamos la condición de las dos apuestas como disjuntas, la declaración anterior ya no es verdadera. Aquí tenemos un ejemplo contrario:

5) Apuestas $B = \{(\{12\}, S), (spl\{12, 15\}, 2S)\}$ y $B' = \{(\{17\}, S), (spl\{29, 30\}, 2S)\}$ no son equivalentes.

Sus colocaciones tienen el mismo tamaño y los mismos montos apostados, respectivamente, B' es disjunta, mientras que B no lo es.

Para la apuesta B:

En $\{12\}$, $W_B = 35S + 34S = 69S$.

En $\{15\}$, $W_B = 34S - S = 33S$.

En $R - \{12, 15\}$, $W_B = -S - 2S = -3S$.

Para la apuesta B':

En $\{17\}$, $W_{B'} = 35S - 2S = 33S$.

En $\{29, 30\}$, $W_{B'} = 34S - S = 33S$.

En $R - \{17, 29, 30\}$, $W_{B'} = -S - 2S = -3S$.

Observe que el valor $33S$ tomado por W_B no puede ser tomado por $W_{B'}$ excepto si $S = 0$, que es imposible). Esto resulta en que B y B' no son equivalentes.

6) Apuestas $B = (spl\{20, 23\}, 2S)$ y $B' = \{(\{20\}, S), (\{23\}, S)\}$ son equivalentes.

Para la apuesta B:

En $\{20, 23\}$, $W_B = 34S$.

En $R - \{20, 23\}$, $W_B = -2S$.

Para la apuesta B':

En $\{20\}$, $W_{B'} = 35S - S = 34S$.

En $\{23\}$, $W_{B'} = 35S - S = 34S$.

En $R - \{20, 23\}$, $W_{B'} = -2S$.

Tenemos el mismo conjunto de valores para las funciones de utilidad. Para tener particiones del mismo tamaño, dividimos el conjunto $\{20, 23\}$ en dos: $\{20\}$ y $\{23\}$. Es claro ahora que $B \sim B'$.

7) Apuestas $B = (spl\{20, 23\}, 2S)$ y $B' = \{(\{5\}, S), (\{16\}, S)\}$ son equivalentes.

Ejemplo 6) junto con la Declaración 4 resulta en $B \sim B'$:
$(spl\{20, 23\}, 2S) \sim \{(\{20\}, S), (\{23\}, S)\} \sim \{(\{5\}, S), (\{16\}, S)\}$

8) Encontrar una condición necesaria y suficiente para que la equivalencia $(\{1, 2\}, S) \sim \{(\{1\}, T), (\{2\}, R)\}$ ocurra.

Denotadas las dos apuestas por B y B', tenemos:

En $\{1\}$, $W_B = 17S$; En $\{2\}$, $W_B = 17S$; En $R - \{1, 2\}$, $W_B = -S$.

Para la apuesta B':

En $\{1\}$, $W_{B'} = 35T - R$; En $\{2\}$, $W_{B'} = 35R - T$; En $R - \{1, 2\}$,

$W_{B'} = -T - R$.

Es obvio que $B \sim B'$ si y solamente si $S = T + R$ y

$17S = 35T - R = 35R - T$, que es equivalente a $T = R = S/2$.

En general, tenemos lo siguiente:

Declaración 5

Sea $B = (A_1, S)$ una apuesta sencilla y sea $A_2, A_3 \in \mathcal{A}$ de tal

manera que forman una partición de A_1 ($A_1 = A_2 \cup A_3$ y

$A_2 \cap A_3 = \phi$). Entonces:

$(A_1, S) \sim \{(A_2, T), (A_3, R)\}$ si y solamente si

$S = T + R$ y $\dfrac{T}{R} = \dfrac{p_3 + 1}{p_2 + 1}$ (p_i es lo que paga A_i).

Comprobación:

Si denotamos con B' la apuesta del miembro a mano derecha de la relación de equivalencia, tenemos:

Para la apuesta B:

En A_2, $W_B = p_1 S$; En A_3, $W_B = p_1 S$; En $R - (A_2 \cup A_3)$,

$W_B = -S$.

Para la apuesta B':

En A_2, $W_{B'} = p_2 T - R$; En A_3, $W_{B'} = p_3 R - T$;

En $R - (A_2 \cup A_3)$, $W_{B'} = -T - R$.

Si hacemos iguales todos estos valores respectivamente, obtenemos:

$S = T + R$ y $p_2 T - R = p_3 R - T$. La última igualdad es equivalente

a $T(p_2 + 1) = R(p_3 + 1)$ o $\dfrac{T}{R} = \dfrac{p_3 + 1}{p_2 + 1}$.

Esta declaración nos muestra como "descomponer" una apuesta sencilla en dos apuestas simples que forman una apuesta compleja equivalente a la primera apuesta proveyendo una relación entre los montos apostados básicos y las apuestas.

Ejemplo:
$(str\{7, 8, 9\}, 3S) \sim \{(spl\{7, 8\}, 2S), (\{9\}, S)\}$.

Para verificar, es suficiente con ver que $3S = 2S + S$ y
$\dfrac{2S}{S} = \dfrac{35+1}{17+1}$, los cuales son verdaderos. De acuerdo con la Declaración 5, las apuestas son equivalentes.

Observación 4:

La Declaración 5 puede enunciarse también para más de dos apuestas en la apuesta ampliada. En este caso, las relaciones entre los pagos y los montos apostados serán diferentes.

Bajo las condiciones de la hipótesis, para una S dada y A_2, A_3, el sistema de ecuaciones $S = T + R$ y $\dfrac{T}{R} = \dfrac{p_3 +1}{p_2 +1}$ siempre tendrán resoluciones positivas. Esto significa que una apuesta sencilla dada siempre puede descomponerse en dos apuestas sencillas teniendo como colocaciones una partición de la colocación inicial, de tal manera que la nueva apuesta compleja es equivalente a la apuesta sencilla inicial. Eso también es cierto para un semipleno en más de dos apuestas.

Declaración 6

Sea $B = \left(A_i, s_i\right)_{1 \le i \le n}$ una apuesta compleja. Si $A_k = A_{k_1} \cup A_{k_2}$ es una partición de A_k con $A_{k_1}, A_{k_2} \in \mathcal{A}$ y si $\left(A_k, s_k\right) \sim \left\{\left(A_{k_1}, t_1\right), \left(A_{k_2}, t_2\right)\right\}$, entonces:

$$B \sim \left\{\left(A_1, s_1\right), ..., \left(A_{k-1}, s_{k-1}\right), \left(A_{k_1}, t_1\right), \left(A_{k_2}, t_2\right), \left(A_{k+1}, s_{k+1}\right), ..., \left(A_n, s_n\right)\right\}$$

Comprobación:

De acuerdo a la Declaración 5, la igualdad de la hipótesis implica: $s_k = t_1 + t_2$ y $p_{k_1} t_1 - t_2 = p_{k_2} t_2 - t_1 = p_k s_k$.

Denotando con B' la apuesta del miembro a mano derecha de la equivalencia en la conclusión de la declaración, consideramos una partición $\left(E_j\right)_{j=1}^m$ de la cubierta de B', de acuerdo a la construcción que comprueba el teorema A.

Sea E_j un conjunto arbitrario de esta partición.

Tenemos tres casos: $E_j \subset A_{k_1}$, $E_j \subset A_{k_2}$ o $E_j \subset R - \left(A_{k_1} \cup A_{k_2}\right)$.

Si $E_j \subset A_{k_1}$, entonces $E_j \subset A_k$. Para toda $e \in E_j$, tenemos que $e \notin A_{k_2}$.

$$W_B(e) = \sum_{q=1}^{k(j)} s_{j_q} p_{j_q} - \sum_{i \in \{1, \ldots, n\} - \{j_1, \ldots, j_{k(j)}\}} s_i \ , \text{ donde } A_{j_1}, A_{j_2}, \ldots, A_{j_{k(j)}} \text{ son}$$

los conjuntos que incluyen E_j. Por supuesto, A_k forma parte de ellos.

$W_{B'}(e)$ tendrá una expresión similar que contiene $p_{k_1} t_1$ como un nuevo término de la primera suma y t_2 como un nuevo término de la suma negativa, mientras que $p_k s_k$ falta en la primera suma. Pero $p_{k_1} t_1 - t_2 = p_k s_k$; por lo tanto, las dos cantidades son iguales: $W_B(e) = W_{B'}(e)$ en E_j.

Un razonamiento similar puede aplicarse al caso $E_j \subset A_{k_2}$ utilizando $p_{k_2} t_2 - t_1 = p_k s_k$.

Si $E_j \subset R - \left(A_{k_1} \cup A_{k_2}\right)$ y $e \in E_j$, la primera suma es idéntica en la expresión de $W_B(e)$ y $W_{B'}(e)$.

El término s_k esta presente en la suma negativa de $W_B(e)$ y falta en la suma negativa de $W_{B'}(e)$, donde los términos t_1 y t_2 aparecen.

Pero $s_k = t_1 + t_2$, así que las sumas negativas son idénticas, también. Por lo tanto, $W_B(e) = W_{B'}(e)$ en E_j.

Porque E_j se tomó arbitrariamente, las dos funciones de utilidad son iguales en cada conjunto de la partición $\left(E_j\right)_{j=1}^m$.

Además, son iguales en $R - \bigcup_{j=1}^m E_j$ (así que tenemos

$$-\sum_{i=1}^n s_i = -(s_1 + \ldots + s_{k-1} + t_1 + t_2 + s_{k+1} + \ldots + s_n), \text{ porque } s_k = t_1 + t_2).$$

Ahora, nosotros hemos comprobado que las funciones de utilidad tomaron los mismos valores en la misma partición; por consiguiente, las apuestas B y B' son equivalentes.

<u>Observación 5:</u>
Usando la declaración anterior, podemos encontrar equivalencias entre apuestas del dimensional n y el dimensional $n + 1$.

Al aplicar la Declaración 6 muchas veces sucesivamente, podemos también obtener equivalencias entre apuestas cuyas diferencias dimensionales son mayores a 1.

La declaración es cierta también si la apuesta sencilla es descompuesta en más de dos apuestas sencillas.

Las consecuencias directas de la Declaración 5 y Declaración 6 son las siguientes equivalencias entre apuestas sencillas:

$(spl\{a, b\}, 2S) \sim \{(\{a\}, S), (\{b\}, S)\}$
$(str\{a, b, c\}, 3S) \sim \{(spl\{a, b\}, 2S), (\{c\}, S)\} \sim \{(\{a\}, S), (\{b\}, S), (\{c\}, S)\}$
$(cor\{a, b, c, d\}, 4S) \sim \{(spl\{a, b\}, 2S), (spl\{c, d\}, 2S)\} \sim \{(\{a\}, S), (\{b\}, S), (spl\{c, d\}, 2S)\} \sim \{(\{a\}, S), (\{b\}, S), (\{c\}, S), (\{d\}, S)\}\}$
$(lin\{a, b, c, d, e, f\}, 6S) \sim \{(str\{a, b, c\}, 3S), (str\{d, e, f\}, 3S)\} \sim \{(spl\{a, b\}, 2S), (\{c\}, S), (str\{d, e, f\}, 3S)\}$ y así sucesivamente.

En las relaciones anteriores, las letras minúsculas representan los números en la mesa de la ruleta, posicionados de tal manera que las apuestas en ellas tengan sentido.

La siguiente oración no es verdadera:

"Si en una apuesta compleja sustituimos una apuesta sencilla con otra apuesta sencilla que es equivalente a la que hemos sustituido, la nueva apuesta compleja que obtenemos es equivalente a la apuesta compleja inicial."

Ejemplo (Ejercicio):
Compruebe que $(\{1, 2\}, S) \sim (\{2, 3\}, S)$, pero
$\{(\{1, 2\}, S), (\{3\}, T)\}$ no es equivalente a $\{(\{2, 3\}, S), (\{3\}, T)\}$.

<u>Declaración 7</u>
Si dos apuestas son equivalentes, entonces tienen cubiertas del mismo tamaño.

Comprobación:

Si $B = \left(A_i, s_i\right)_{i\in I}$ y $B' = \left(A_j', s_j'\right)_{j\in J}$ son dos apuestas equivalentes,

sea $(E_k)_{k=1}^m$ y $(E_k')_{k=1}^m$ las dos particiones (de sus cubiertas) en las que sus funciones de utilidad son iguales.

Por supuesto, $|E_k| = |E_k'|$ para toda k.

Entonces: $\left|\bigcup_{i\in I} A_i\right| = \left|\bigcup_{k=1}^m E_k\right| = \left|\bigcup_{k=1}^m E_k'\right| = \left|\bigcup_{j\in J} A_j'\right|.$

Lo contrario no es verdadero. Un ejemplo contrario es cualquier par de apuestas simples que tengan las mismas colocaciones pero diferentes montos apostados.

Declaración 8

Si las apuestas $B = \left(A_i, s_i\right)_{i\in I}$ y $B' = \left(C_j, t_j\right)_{j\in J}$ son equivalentes,

entonces $\sum_{i\in I} s_i = \sum_{j\in J} t_j$.

Comprobación:

Entre todos los valores que W_B puede tomar, $-\sum_{i\in I} s_i$ es el mínimo

(es tomado en $R - \bigcup_{i\in I} A_i$). Haga un ejercicio para comprobar eso.

De igual forma, $-\sum_{j\in J} t_j$ es el valor mínimo que $W_{B'}$ puede tomar.

Debido a que $B \sim B'$, sus funciones de utilidad deben tener el mismo conjunto de valores. Por ser este conjunto finito, tiene un elemento mínimo; por lo tanto, $-\sum_{i\in I} s_i = -\sum_{j\in J} t_j$.

Lo contrario no es verdadero. Haga un ejercicio para encontrar un ejemplo contrario.

De acuerdo con la Declaraciones 7 y 8, dos apuestas equivalentes tienen cubiertas del mismo tamaño y los mismos montos totales apostados. Lo contrario no es verdadero.

Ejemplo (Ejercicio):
Compruebe que las apuestas $\{(\{1, 2\}, S), (\{3\}, T)\}$ y $\{(\{1, 2\}, T), (\{3\}, S)\}$, con $S \neq T$ no sean equivalentes.

<u>Declaración 9</u>
Para toda apuesta compleja B, existe una apuesta disjunta B' de tal manera que $B \sim B'$.

Comprobación:
Esta declaración es una consecuencia directa de la Declaración 5 y Declaración 6.

Considere una partición $\left(E_j\right)_{j \in J}$ de la cubierta de B que obedece las condiciones del Teorema A.

Cada colocación A_i de B es una unión de un número finito de conjuntos E_j, que forman una partición de A_i.

Ampliemos esta partición a como se indica a continuación: Deje E_j como está si $E_j \in \mathcal{A}$ y parta E_j en conjuntos mutuamente excluyente de $\mathcal{A}$ si $E_j \notin \mathcal{A}$ (esto es posible porque podemos llegar hasta conjuntos que consisten de un sólo elemento que pertenece a $\mathcal{A}$). Sean estos $E_{j_1}, ..., E_{j_{k(j)}}$.

De acuerdo a la Observación 4, podemos asignar números positivos como montos apostados para todas estas colocaciones (E_j y E_{j_t}) tales que la apuesta compleja que forman es equivalente a la apuesta sencilla inicial $\left(A_i, s_i\right)$.

Luego, de acuerdo con la Declaración 6 y Observación 5, las apuestas complejas definidas por esta partición ampliada y los montos apostados asignados (llámese B') es equivalente a la apuesta B.

Por supuesto, la nueva apuesta B' es disjunta porque sus colocaciones forman una partición.

<u>Declaración 10</u>
Las utilidades de dos apuestas equivalentes tienen la misma expectativa matemática.

La declaración anterior es una consecuencia directa de la Observación 3.

Esto finaliza la presentación matemática de las apuestas complejas y sus propiedades. Hemos abarcado la construcción de un modelo matemático riguroso para las apuestas de la ruleta y proveído los resultados teóricos necesarios para identificar varias categorías de apuestas y las relaciones entre ellas con respecto a las utilidades y posibilidades.

Toda la teoría va más lejos con otras propiedades estructurales de apuestas equivalentes y aún leyes de composición en el conjunto $\mathcal{B}$ de las apuestas, y llenarían unas cuantas docenas de páginas adicionales.

El aspecto práctico de la aplicación de la teoría presentada en este capítulo está relacionado con las opciones del jugador al elegir que apuesta va a hacer.

Apuestas mejoradas

En la definición de la equivalencia entre apuestas utilizamos la función de utilidad, cuyos valores son de hecho posibles ganes o pérdidas.

El tamaño de un conjunto en el cual las dos funciones de utilidad toman los mismos valores se revierte a la probabilidad. Por eso, la definición toma cada aspecto práctico de una equivalencia real entre apuestas: un monto igual de ganancia, un monto igual de pérdida y un monto igual de probabilidades que estos ocurran.

Estos son los principales criterios objetivos que un jugador considera cuando coloca un signo de igual entre dos apuestas.

La relación de equivalencia entre apuestas crea clases de equivalencias en el conjunto de todas las posibles apuestas y genera una partición de este conjunto (la clase de equivalencia de una apuesta $B \in \mathcal{B}$ es el conjunto de todas las apuestas B' que son equivalentes a B y se representan con $\hat{B}$; cualquier elemento de $\hat{B}$ es llamado un *representante de la clase* $\hat{B}$).

Por tanto, el conjunto $\mathcal{B}$ es la unión de todas las clases de equivalencias, y el área de elección para una apuesta es reducida a una elección entre clases representativas.

Además, vemos que cada clase de equivalencia contiene una apuesta disjunta, así que dentro de una clase podemos elegir una apuesta disjunta como la clase representativa. Esta elección se explicará más adelante.

Estimamos 154 posibles colocaciones como elementos de $\mathcal{A}$ (el conjunto de colocaciones únicas permitidas). El número de todas las colocaciones posibles para una apuesta compleja es el número de todos los subconjuntos de $\mathcal{A}$, que es 2^{154}, un número con 47 dígitos.

Así que, si se ignoran los montos apostados, un jugador tiene 2^{154} apuestas posibles (colocaciones) para elegir de un giro a otro giro de la ruleta. Este número de elecciones puede ser reducido significativamente si contamos sólo las colocaciones mutuamente excluyentes. Esta reducción es natural a causa de la Declaración 9, la cual dice que cualquier apuesta es equivalente a una apuesta disjunta.

El número de todas las colocaciones mutuamente excluyentes es en realidad el número de las particiones de cada subconjunto de R, sumándolos todos. Esto es la suma de todos los números Bell de $B(1)$ a $B(38)$ para la ruleta americana (el número Bell $B(n)$ es el número de particiones de un conjunto con n elementos) y de $B(1)$ a $B(37)$ para la ruleta europea. Por supuesto, este nuevo número es todavía enorme, pero tiene sólo 36 dígitos en vez de 47, que fue el número de dígitos de la primera área de elección.

El número de elecciones es mucho menor si consideramos la equivalencia entre colocaciones dadas por su tamaño (dos colocaciones únicas son equivalentes si tienen el mismo tamaño y dos colocaciones múltiples mutuamente excluyentes son equivalentes si consisten de colocaciones únicas del mismo tamaño, respectivamente). Esta equivalencia reducirá algo el número de dígitos, pero el número de elecciones todavía son enormes.

Esta partición en clases equivalentes del conjunto de colocaciones mutuamente excluyentes es natural porque si asignamos el mismo monto apostado básico a las colocaciones de la misma clase, obtenemos apuestas equivalentes de acuerdo a la Declaración 4.

Lo que deseamos enfatizar es que, debido a los resultados matemáticos presentado para las apuestas complejas, el acto de elegir una apuesta puede ser simplificado reduciendo el área de elección. El acto de elegir es parte de cualquier estrategia personal, basado en varios criterios objetivos y subjetivos.

El acto de elegir se relaciona no sólo a las clases de equivalencias de $\mathcal{B}$, sino también a la elección dentro de cierta clase en particular.

Aún para apuestas equivalentes dentro de una cierta clase, elegir una clase representativa es también un asunto de estrategia personal.

Además, una elección es cuando consideramos una apuesta y aplicamos una o más transformaciones sucesivas en ella, tornándola una apuesta compleja que se ajusta a los criterios de la estrategia del jugador. Tenemos aquí un simple ejemplo ilustrativo:

Considere la apuesta sencilla $(Rojo, S)$. Podemos ampliar la cubierta de esta apuesta para más seguridad (bajando las probabilidades de perder) añadiendo unos cuantas apuestas sencillas en los números negros, por ejemplo: $\{(Rojo, S), (\{8, 11\}, S), (\{15\}, S)\}$. La apuesta inicial y la última no son equivalentes, así que hemos hecho una elección sobre las clases con esta transformación. La elección fue hecha basada en un criterio objetivo.

Suponga ahora que reemplazamos el número 8 con 10 en la apuesta semipleno porque el número 8 ya apareció en un giro anterior: $\{(Rojo, S), (\{10, 11\}, S), (\{15\}, S)\}$. Esta apuesta es equivalente con la apuesta anterior, así que hemos hecho una elección dentro de la misma clase basada en un criterio subjetivo.

Suponga ahora que reducimos suficientemente el monto apostado de la apuesta pleno para bajar la posible pérdida pero mantener cierto nivel de ganancia en caso de que el número 15 aparezca: $\{(Rojo, S), (\{10, 11\}, S), (\{15\}, S/2)\}$. Con esta transformación, hemos hecho una elección de nuevo sobre las clases de equivalencias (esta última apuesta no es equivalente con la anterior).

Con esta transformación, podemos decir que hemos mejorado la apuesta inicial $(Rojo, S)$ a $\{(Rojo, S), (\{10, 11\}, S), (\{15\}, S/2)\}$ para ajustarse menos a los criterios estratégicos. Resumamos:

Primer transformación: $(Rojo, S)$ a $\{(Rojo, S), (\{8, 11\}, S), (\{15\}, S)\}$; elección de una clase; criterio objetivo.

Segunda transformación: $\{(Rojo, S), (\{8, 11\}, S), (\{15\}, S)\}$ a $\{(Rojo, S), (\{10, 11\}, S), (\{15\}, S)\}$; elección de una clase representativa; criterio subjetivo.

Tercera transformación: $\{(Rojo, S), (\{10, 11\}, S), (\{15\}, S)\}$ a $\{(Red, S), (\{10, 11\}, S), (\{15\}, S/2)\}$; elección de una clase; criterio subjetivo.

Cualquiera de las apuestas $\{(Rojo, S), (\{8, 11\}, S), (\{15\}, S)\}$, $\{(Rojo, S), (\{10, 11\}, S), (\{15\}, S)\}$ o $\{(Rojo, S), (\{10, 11\}, S), (\{15\}, S/2)\}$ se llama una apuesta mejorada, como resultado de una transformación hecha a una apuesta basada en un criterio estratégico personal.

Una definición más precisa para una apuesta mejorada es una apuesta obtenida a través de una transformación en una apuesta inicial relacionada a sus montos apostados y/o colocaciones, de acuerdo a un criterio personal estratégico objetivo y/o subjetivo.

Hemos visto que una transformación es un acto de elección sobre las clases de equivalencias de $\mathcal{B}$ o dentro de una cierta clase de equivalencia particular. La teoría matemática de las apuestas complejas ayuda a restringir el área de elección y seleccionar las apuestas mejoradas que se ajustan a cierto criterio estratégico personal.

Toda estrategia personal es subjetiva porque consiste en criterios que relacionan solamente al jugador (por ejemplo, el monto a disposición del jugador). Hay también otros criterios relacionados al lugar donde se lleva a cabo el juego y las reglas del local. Estos son criterios circunstanciales (por ejemplo, división de fichas en montos menores). Todo el criterio en que se basa una estrategia personal es de tres tipos con respecto a su razonamiento matemático, objetivo, subjetivo y circunstancial.

La tabla a continuación anota el criterio estratégico principal que podría ser las bases de elección para una apuesta mejorada.

Cada criterio se ha anotado junto con sus posibles transformaciones en la estructura de la apuesta inicial (colocaciones y/o montos apostados, denotada por P o, respectivamente, S), el tipo de elección involucrada (sobre las clases, denotada por C, o sobre los representativos dentro de una clase, denotada por R) y su tipo (objetivo, subjetivo o circunstancial denotado por Obj, Sub, o Cir).

Criterio	Cambio	Elección	Tipo
probabilidad de una utilidad positiva	P, S	C	Obj
probabilidad de perder	P, S	C	Obj
la cubierta	P	C	Obj
monto a ganar	P, S	C	Obj
monto a perder	P, S	C	Obj
cubriendo números de "suerte"	P	C, R	Sub
expectativa a largo plazo	P, S	C	Obj
monto disponible	S	C	Obj
tiempo de juego esperando una utilidad	P, S	C	Obj
división de fichas	P, S	C, R	Cir
evitar ciertos números en base a frecuencia estadística	P	C, R	Sub
cubriendo ciertos números en base a frecuencia estadística	P	C, R	Sub
monto máximo permitido para una apuesta	S	C	Cir
manejo de dinero a largo, mediano y corto plazo	S	C	Sub

No detallaremos estos criterios, porque este libro trata sólo con las matemáticas de las apuestas y no es un libro de estrategias.

Estamos interesados sólo en el acto de elegir en una apuesta.

Siempre y cuando la ruleta no involucre un progreso de juego multidireccional y los jugadores no tengan oponentes (ni aún un crupier), la única estrategia válida que un jugador puede desarrollar es estrictamente relacionada con la colocación de su apuesta en la mesa de acuerdo con los criterios personales del jugador, y la tabla anterior muestra lo más importante de esto.

¿Es el acto de elegir, una estrategia? Podemos contestar que sí, es una estrategia subjetiva con respecto a todos los criterios anotados arriba: colocar las apuestas es una elección y las matemáticas pueden ayudar a un jugador a hacer esa elección. No hará que el jugador utilice una estrategia óptima (la cual no existe en la ruleta), sino dará a un jugador toda la información objetiva relacionada con su sistema personal de apostar al ofrecerle elecciones paralelas junto con toda la información matemática.

Todo el mundo acepta que no hay reglas para el peligro. Todo el mundo también acepta que a largo plazo, nunca tomaremos ventaja de la casa. Esto es verdadero para cualquier juego de azar.

Para la ruleta en particular, podemos solamente gobernar nuestras propias elecciones en colocar apuestas. Las matemáticas pueden ayudar a los jugadores a organizar sus elecciones.

La aplicación de la teoría de las apuestas complejas en la ruleta es justificada por un elemento técnico del juego: los números en la rueda de la ruleta no tienen la misma categoría que en la de la mesa de apuestas.

Aunque los números en la rueda están colocados en un círculo y la posibilidad de que la bola caiga en uno de los números es la misma para todo número, en la mesa no podemos cubrir ningún grupo de números con colocaciones únicas del mismo tipo. Por ejemplo, aunque 7 y 8 pueden ser cubiertos con una apuesta semipleno, no se puede con 7 y 12. Pueden ser cubiertos con una apuesta en línea, una Primer Docena o una apuesta en Rojo, que pagan diferente a una apuesta semipleno. Los números 1 y 35 pueden ser cubiertos sólo con una apuesta Impar, pero 1 y 2 pueden ser cubiertos por muchas otras apuestas internas. Los números 1 y 26 no pueden ser cubiertos con una colocación única.

Debido a la configuración de la mesa, no todos los números tienen la misma categoría con respecto a posibles colocaciones. Las matemáticas de las apuestas complejas toman en cuenta esta configuración en particular.

Podemos decir que esta no equivalencia entre los números de la ruleta es el único hecho que tiene un jugador para especular cuando desarrolla una estrategia, pero sólo en el sentido de usar las matemáticas para organizar y mejorar un sistema personal de apuestas que se ajuste con mayor precisión a los criterios subjetivos y objetivos del jugador.

A como se mencionó, el número de elecciones es enorme. Aún así, el número de apuestas complejas que típicamente operan los jugadores es limitado. Mejorar estas apuestas puede llevar a relaciones entre los parámetros de las apuestas, que las matemáticas pueden fácilmente resolver.

Como ejemplo, las apuestas complejas que se practican con más frecuencia son aquellas que corresponden a sucesos parcialmente complementarios (números rojo + algunos negros, números impar + algunos pares, y así consecutivamente).

Si consideramos la apuesta exterior como la apuesta inicial, añadir esas apuestas plenos puede incrementar las posibilidades de ganar, pero al mismo tiempo puede también disminuir los montos eventuales de ganancia.

Ejemplo:
Un jugador apuesta un monto $2S$ en el color rojo y un monto S en el número 6 (negro), en la ruleta americana.

A. En el caso de que un número negro diferente a 6 aparezca, el jugador pierde $3S$.
B. En el caso de que el número 6 aparezca, el jugador gana. $35S - 2S = 33S$.
C. En el caso de que un número rojo aparezca, el jugador gana. $2S - S = S$.
D. En el caso de que el 0 ó 00 aparezcan, el jugador pierde $3S$.

La probabilidad de ganar es
$$P(B \cup C) = 1 - P(A \cup D) = 1 - 19/38 = 50\% .$$

Si, junto con la apuesta en rojo, varias apuestas son colocadas en números negros, la probabilidad de ganar incrementará, pero el monto eventual de ganancia decrecerá.

Las combinaciones de apuestas óptimas son aquellas que tienen un rango aceptable (aritméticamente, pero además de acuerdo a los criterios personales de un jugador) entre las probabilidades de ganar y la eventual ganancia y montos apostados.

Si mejoramos la apuesta en este ejemplo para cubrir n números negros, cada uno con el mismo monto apostado T, entonces, para escoger una apuesta de esta categoría, debemos imponer condiciones en los parámetros S, T y n.

La primera condición es que la apuesta sea no contradictoria.

Luego, otras condiciones reflejarán los criterios personales del jugador (relacionados con la probabilidad, montos, etcétera).

Todas estas condiciones se revertirán a relaciones entre los parámetros descritos anteriormente, lo que significa ecuaciones o inecuaciones por resolver. Los valores encontrados para S, T y n determinarán la apuesta mejorada que el jugador anda buscando.

Las secciones a continuación presentan algunas categorías de apuestas mejoradas, junto con las probabilidades de los sucesos involucrados y las ganancias y pérdidas afarentes.

Cada sección describe un tipo de apuesta mejorada con respecto a los criterios objetivos de la probabilidad de ganar o perder.

El mejoramiento apunta a ampliar la cobertura suficientemente para subir las probabilidades de ganar y suficiente para evitar que la apuesta se convierta en contradictoria.

La mayoría de las secciones describe apuestas disjuntas. El acto de elegir una apuesta disjunta dentro de una clase de equivalencia esta basado en el siguiente razonamiento estratégico: aunque dos apuestas equivalentes en la que una es disjunta tienen la misma cobertura, la apuesta no disjunta implica números que son cubiertos en múltiples ocasiones (por dos o más colocaciones únicas). Si se escoge la apuesta disjunta, podemos salvar una porción del monto apostado para otra apuesta colocada en el mismo momento, o para otro giro de la ruleta más tarde. Este mejoramiento esta basado en criterios tales como manejo de dinero y amplitud de la cobertura.

Las condiciones impuestas en los parámetros dejan un amplio rango de valores suficiente para permitir que los jugadores elijan de varias otras subcategorías de apuestas, todas las cuales están anotadas en las mesas, junto con probabilidades de todos los sucesos involucrados y monto a ganar o a perder. La elección final dentro de estas subcategorías de apuestas es un asunto de la estrategia personal del jugador.

Las limitaciones son el resultado de usar los mismos montos básicos apostados para múltiples apuestas sencillas similares dentro de una apuesta compleja, y un pequeño incremento de los rangos entre los montos apostados.

Hemos hecho la primera limitación mayormente por razones de cálculo—usando diferentes montos básicos apostados para apuestas sencillas similares incrementaría el número de parámetros lo suficiente para que las ecuaciones e inecuaciones fueran difíciles de resolver. Más aún, las tablas serían significativamente más largas y llenarían miles de páginas. Por ejemplo, sólo un parámetro adicional (cuyos valores están anotados en los mismos incrementos que los otros parámetros) incrementaría el número de casos de 10 a 40 veces. Sólo un programa de computadora sería capaz de manejar toda la información de una forma apropiada.

Además, para una apuesta que consista de muchas apuestas sencillas, un jugador tiene sólo un tiempo limitado para colocar las fichas antes del giro de la ruleta, así que buscar varias fichas de diferentes valores no es recomendable.

La segunda limitación es también práctica y natural: Aunque trabajamos con parámetros de valor real, el conjunto de sus valores es infinito. La única manera de hacer a ese conjunto discreto (o no discreto) es utilizar un incremento.

Las categorías de las apuestas presentadas obviamente no son los únicos tipos de apuestas mejoradas que el jugador tiene disponibles a su elección. Nosotros podemos decir que son las apuestas mejoradas más visibles con respecto a incrementar la probabilidad de una utilidad positiva, lo cual se mantiene como el criterio más importante de cualquier estrategia.

Convención de denotaciones: En todas las tablas a continuación, utilizamos el punto decimal en lugar de la coma decimal.

Apostando en un color y en números del color opuesto

Esta apuesta compleja consiste de una apuesta en uno de los colores (paga 1 a 1) y varias apuestas plenos (paga 35 a 1) en números del color opuesto.

Para generalizar el ejemplo de la sección previa, vamos a denotar con S el monto de la apuesta en cada número, con cS el monto de apuesta en el color y con n el número de apuestas colocadas a números individuales (el número de apuestas plenos).

S es un número positivo real (medible en cualquier tipo de dinero), el coeficiente c es también un número positivo real y n es un número natural no negativo (entre 1 y 18 porque hay 18 números de un color).

Los posibles sucesos después de girar la ruleta son: A – ganar la apuesta en el color, B – ganar una apuesta en un número y C – no ganar ninguna apuesta.

Estos sucesos son exhaustivos y mutuamente excluyentes, así que:

$$P(A \cup B \cup C) = P(A) + P(B) + P(C) = 1$$

Ahora vamos a encontrar la probabilidad de cada suceso y la utilidad o pérdida en cada caso:

A. La probabilidad de que un número de cierto color gane es $P(A) = 18/38 = 9/19 = 47{,}368\%$.

En el caso de ganar la apuesta en color, el jugador gana $cS - nS = (c - n)S$, utilizando la convención de que si este monto es negativo, se llamará una pérdida.

B. La probabilidad de que gane uno de los números específicos n es $P(B) = n/38$.

En el caso de ganar una apuesta pleno, el jugador gana $35S - (n - 1)S - cS = (36 - n - c)S$, utilizando la misma convención del suceso A.

C. La probabilidad de no ganar ninguna apuesta es

$$P(C) = 1 - P(A) - P(B) = 1 - \frac{9}{19} - \frac{n}{38} = \frac{20 - n}{38}.$$

En el caso de que no gane ninguna apuesta, el jugador pierde $cS + nS = (c + n)S$.

Como podemos ver, la probabilidad total de ganar es

$$P(A) + P(B) = \frac{18 + n}{38}.$$

Con esta fórmula, para incrementar la probabilidad de ganar se incrementaría n.

Pero este incremento debe ser hecho bajo la restricción de que lo opuesto no es contradictorio. Por supuesto, esto se revierte a una restricción en el coeficiente c.

Es natural poner la condición de una utilidad positiva en ambos casos A y B, que resulta en: $n < c < 36 - n$.

Esta condición da una relación entre los parámetros n y c y restringe el número de subcasos que se estudian.

Estas fórmulas emiten las siguientes tablas de valores, en que n incrementa de 1 a 17 y c tiene incrementos de 0,5.

S se deja como una variable para ser reemplazada por los jugadores con cualquier monto básico apostado de acuerdo con sus propios comportamientos y estrategias de apuesta.

Observación:
Las mismas fórmulas y tablas también son ciertas para las apuestas complejas a continuación: Apuestas en Par o Impar y apuestas plenos en números impar o par; apuestas en Altos o Bajos y apuestas plenos en números bajos o altos.

Esto ocurre porque las apuestas son equivalentes, respectivamente, si tienen los mismos montos apostados.

		Gana la apuesta en color		Gana una apuesta en un número		No gana ninguna apuesta	
n	*c*	Prob.	Utilidad	Prob.	Utilidad	Prob.	Pérdida
1	1.5	47.36%	0.5 S	2.63%	33.5 S	50%	2.5 S
1	2	47.36%	S	2.63%	33 S	50%	3 S
1	2.5	47.36%	1.5 S	2.63%	32.5 S	50%	3.5 S
1	3	47.36%	2 S	2.63%	32 S	50%	4 S
1	3.5	47.36%	2.5 S	2.63%	31.5 S	50%	4.5 S
1	4	47.36%	3 S	2.63%	31 S	50%	5 S
1	4.5	47.36%	3.5 S	2.63%	30.5 S	50%	5.5 S
1	5	47.36%	4 S	2.63%	30 S	50%	6 S
1	5.5	47.36%	4.5 S	2.63%	29.5 S	50%	6.5 S
1	6	47.36%	5 S	2.63%	29 S	50%	7 S
1	6.5	47.36%	5.5 S	2.63%	28.5 S	50%	7.5 S
1	7	47.36%	6 S	2.63%	28 S	50%	8 S
1	7.5	47.36%	6.5 S	2.63%	27.5 S	50%	8.5 S
1	8	47.36%	7 S	2.63%	27 S	50%	9 S
1	8.5	47.36%	7.5 S	2.63%	26.5 S	50%	9.5 S
1	9	47.36%	8 S	2.63%	26 S	50%	10 S
1	9.5	47.36%	8.5 S	2.63%	25.5 S	50%	10.5 S
1	10	47.36%	9 S	2.63%	25 S	50%	11 S
1	10.5	47.36%	9.5 S	2.63%	24.5 S	50%	11.5 S
1	11	47.36%	10 S	2.63%	24 S	50%	12 S
1	11.5	47.36%	10.5 S	2.63%	23.5 S	50%	12.5 S
1	12	47.36%	11 S	2.63%	23 S	50%	13 S
1	12.5	47.36%	11.5 S	2.63%	22.5 S	50%	13.5 S
1	13	47.36%	12 S	2.63%	22 S	50%	14 S
1	13.5	47.36%	12.5 S	2.63%	21.5 S	50%	14.5 S
1	14	47.36%	13 S	2.63%	21 S	50%	15 S
1	14.5	47.36%	13.5 S	2.63%	20.5 S	50%	15.5 S
1	15	47.36%	14 S	2.63%	20 S	50%	16 S
1	15.5	47.36%	14.5 S	2.63%	19.5 S	50%	16.5 S
1	16	47.36%	15 S	2.63%	19 S	50%	17 S
1	16.5	47.36%	15.5 S	2.63%	18.5 S	50%	17.5 S
1	17	47.36%	16 S	2.63%	18 S	50%	18 S
1	17.5	47.36%	16.5 S	2.63%	17.5 S	50%	18.5 S
1	18	47.36%	17 S	2.63%	17 S	50%	19 S
1	18.5	47.36%	17.5 S	2.63%	16.5 S	50%	19.5 S
1	19	47.36%	18 S	2.63%	16 S	50%	20 S
1	19.5	47.36%	18.5 S	2.63%	15.5 S	50%	20.5 S
1	20	47.36%	19 S	2.63%	15 S	50%	21 S
1	20.5	47.36%	19.5 S	2.63%	14.5 S	50%	21.5 S
1	21	47.36%	20 S	2.63%	14 S	50%	22 S

		Gana la apuesta en color		Gana una apuesta en un número		No gana ninguna apuesta	
n	c	Prob.	Utilidad	Prob.	Utilidad	Prob.	Pérdida
1	21.5	47.36%	20.5 S	2.63%	13.5 S	50%	22.5 S
1	22	47.36%	21 S	2.63%	13 S	50%	23 S
1	22.5	47.36%	21.5 S	2.63%	12.5 S	50%	23.5 S
1	23	47.36%	22 S	2.63%	12 S	50%	24 S
1	23.5	47.36%	22.5 S	2.63%	11.5 S	50%	24.5 S
1	24	47.36%	23 S	2.63%	11 S	50%	25 S
1	24.5	47.36%	23.5 S	2.63%	10.5 S	50%	25.5 S
1	25	47.36%	24 S	2.63%	10 S	50%	26 S
1	25.5	47.36%	24.5 S	2.63%	9.5 S	50%	26.5 S
1	26	47.36%	25 S	2.63%	9 S	50%	27 S
1	26.5	47.36%	25.5 S	2.63%	8.5 S	50%	27.5 S
1	27	47.36%	26 S	2.63%	8 S	50%	28 S
1	27.5	47.36%	26.5 S	2.63%	7.5 S	50%	28.5 S
1	28	47.36%	27 S	2.63%	7 S	50%	29 S
1	28.5	47.36%	27.5 S	2.63%	6.5 S	50%	29.5 S
1	29	47.36%	28 S	2.63%	6 S	50%	30 S
1	29.5	47.36%	28.5 S	2.63%	5.5 S	50%	30.5 S
1	30	47.36%	29 S	2.63%	5 S	50%	31 S
1	30.5	47.36%	29.5 S	2.63%	4.5 S	50%	31.5 S
1	31	47.36%	30 S	2.63%	4 S	50%	32 S
1	31.5	47.36%	30.5 S	2.63%	3.5 S	50%	32.5 S
1	32	47.36%	31 S	2.63%	3 S	50%	33 S
1	32.5	47.36%	31.5 S	2.63%	2.5 S	50%	33.5 S
1	33	47.36%	32 S	2.63%	2 S	50%	34 S
1	33.5	47.36%	32.5 S	2.63%	1.5 S	50%	34.5 S
1	34	47.36%	33 S	2.63%	1 S	50%	35 S
1	34.5	47.36%	33.5 S	2.63%	0.5 S	50%	35.5 S
2	2.5	47.36%	0.5 S	5.26%	31.5 S	47.36%	4.5 S
2	3	47.36%	1 S	5.26%	31 S	47.36%	5 S
2	3.5	47.36%	1.5 S	5.26%	30.5 S	47.36%	5.5 S
2	4	47.36%	2 S	5.26%	30 S	47.36%	6 S
2	4.5	47.36%	2.5 S	5.26%	29.5 S	47.36%	6.5 S
2	5	47.36%	3 S	5.26%	29 S	47.36%	7 S
2	5.5	47.36%	3.5 S	5.26%	28.5 S	47.36%	7.5 S
2	6	47.36%	4 S	5.26%	28 S	47.36%	8 S
2	6.5	47.36%	4.5 S	5.26%	27.5 S	47.36%	8.5 S
2	7	47.36%	5 S	5.26%	27 S	47.36%	9 S
2	7.5	47.36%	5.5 S	5.26%	26.5 S	47.36%	9.5 S
2	8	47.36%	6 S	5.26%	26 S	47.36%	10 S
2	8.5	47.36%	6.5 S	5.26%	25.5 S	47.36%	10.5 S
2	9	47.36%	7 S	5.26%	25 S	47.36%	11 S

n	c	Gana la apuesta en color		Gana una apuesta en un número		No gana ninguna apuesta	
		Prob.	Utilidad	Prob.	Utilidad	Prob.	Pérdida
2	9.5	47.36%	7.5 S	5.26%	24.5 S	47.36%	11.5 S
2	10	47.36%	8 S	5.26%	24 S	47.36%	12 S
2	10.5	47.36%	8.5 S	5.26%	23.5 S	47.36%	12.5 S
2	11	47.36%	9 S	5.26%	23 S	47.36%	13 S
2	11.5	47.36%	9.5 S	5.26%	22.5 S	47.36%	13.5 S
2	12	47.36%	10 S	5.26%	22 S	47.36%	14 S
2	12.5	47.36%	10.5 S	5.26%	21.5 S	47.36%	14.5 S
2	13	47.36%	11 S	5.26%	21 S	47.36%	15 S
2	13.5	47.36%	11.5 S	5.26%	20.5 S	47.36%	15.5 S
2	14	47.36%	12 S	5.26%	20 S	47.36%	16 S
2	14.5	47.36%	12.5 S	5.26%	19.5 S	47.36%	16.5 S
2	15	47.36%	13 S	5.26%	19 S	47.36%	17 S
2	15.5	47.36%	13.5 S	5.26%	18.5 S	47.36%	17.5 S
2	16	47.36%	14 S	5.26%	18 S	47.36%	18 S
2	16.5	47.36%	14.5 S	5.26%	17.5 S	47.36%	18.5 S
2	17	47.36%	15 S	5.26%	17 S	47.36%	19 S
2	17.5	47.36%	15.5 S	5.26%	16.5 S	47.36%	19.5 S
2	18	47.36%	16 S	5.26%	16 S	47.36%	20 S
2	18.5	47.36%	16.5 S	5.26%	15.5 S	47.36%	20.5 S
2	19	47.36%	17 S	5.26%	15 S	47.36%	21 S
2	19.5	47.36%	17.5 S	5.26%	14.5 S	47.36%	21.5 S
2	20	47.36%	18 S	5.26%	14 S	47.36%	22 S
2	20.5	47.36%	18.5 S	5.26%	13.5 S	47.36%	22.5 S
2	21	47.36%	19 S	5.26%	13 S	47.36%	23 S
2	21.5	47.36%	19.5 S	5.26%	12.5 S	47.36%	23.5 S
2	22	47.36%	20 S	5.26%	12 S	47.36%	24 S
2	22.5	47.36%	20.5 S	5.26%	11.5 S	47.36%	24.5 S
2	23	47.36%	21 S	5.26%	11 S	47.36%	25 S
2	23.5	47.36%	21.5 S	5.26%	10.5 S	47.36%	25.5 S
2	24	47.36%	22 S	5.26%	10 S	47.36%	26 S
2	24.5	47.36%	22.5 S	5.26%	9.5 S	47.36%	26.5 S
2	25	47.36%	23 S	5.26%	9 S	47.36%	27 S
2	25.5	47.36%	23.5 S	5.26%	8.5 S	47.36%	27.5 S
2	26	47.36%	24 S	5.26%	8 S	47.36%	28 S
2	26.5	47.36%	24.5 S	5.26%	7.5 S	47.36%	28.5 S
2	27	47.36%	25 S	5.26%	7 S	47.36%	29 S
2	27.5	47.36%	25.5 S	5.26%	6.5 S	47.36%	29.5 S
2	28	47.36%	26 S	5.26%	6 S	47.36%	30 S
2	28.5	47.36%	26.5 S	5.26%	5.5 S	47.36%	30.5 S
2	29	47.36%	27 S	5.26%	5 S	47.36%	31 S

		Gana la apuesta en color		Gana una apuesta en un número		No gana ninguna apuesta	
n	c	Prob.	Utilidad	Prob.	Utilidad	Prob.	Pérdida
2	29.5	47.36%	27.5 S	5.26%	4.5 S	47.36%	31.5 S
2	30	47.36%	28 S	5.26%	4 S	47.36%	32 S
2	30.5	47.36%	28.5 S	5.26%	3.5 S	47.36%	32.5 S
2	31	47.36%	29 S	5.26%	3 S	47.36%	33 S
2	31.5	47.36%	29.5 S	5.26%	2.5 S	47.36%	33.5 S
2	32	47.36%	30 S	5.26%	2 S	47.36%	34 S
2	32.5	47.36%	30.5 S	5.26%	1.5 S	47.36%	34.5 S
2	33	47.36%	31 S	5.26%	1 S	47.36%	35 S
2	33.5	47.36%	31.5 S	5.26%	0.5 S	47.36%	35.5 S
3	3.5	47.36%	0.5 S	7.89%	29.5 S	44.73%	6.5 S
3	4	47.36%	1 S	7.89%	29 S	44.73%	7 S
3	4.5	47.36%	1.5 S	7.89%	28.5 S	44.73%	7.5 S
3	5	47.36%	2 S	7.89%	28 S	44.73%	8 S
3	5.5	47.36%	2.5 S	7.89%	27.5 S	44.73%	8.5 S
3	6	47.36%	3 S	7.89%	27 S	44.73%	9 S
3	6.5	47.36%	3.5 S	7.89%	26.5 S	44.73%	9.5 S
3	7	47.36%	4 S	7.89%	26 S	44.73%	10 S
3	7.5	47.36%	4.5 S	7.89%	25.5 S	44.73%	10.5 S
3	8	47.36%	5 S	7.89%	25 S	44.73%	11 S
3	8.5	47.36%	5.5 S	7.89%	24.5 S	44.73%	11.5 S
3	9	47.36%	6 S	7.89%	24 S	44.73%	12 S
3	9.5	47.36%	6.5 S	7.89%	23.5 S	44.73%	12.5 S
3	10	47.36%	7 S	7.89%	23 S	44.73%	13 S
3	10.5	47.36%	7.5 S	7.89%	22.5 S	44.73%	13.5 S
3	11	47.36%	8 S	7.89%	22 S	44.73%	14 S
3	11.5	47.36%	8.5 S	7.89%	21.5 S	44.73%	14.5 S
3	12	47.36%	9 S	7.89%	21 S	44.73%	15 S
3	12.5	47.36%	9.5 S	7.89%	20.5 S	44.73%	15.5 S
3	13	47.36%	10 S	7.89%	20 S	44.73%	16 S
3	13.5	47.36%	10.5 S	7.89%	19.5 S	44.73%	16.5 S
3	14	47.36%	11 S	7.89%	19 S	44.73%	17 S
3	14.5	47.36%	11.5 S	7.89%	18.5 S	44.73%	17.5 S
3	15	47.36%	12 S	7.89%	18 S	44.73%	18 S
3	15.5	47.36%	12.5 S	7.89%	17.5 S	44.73%	18.5 S
3	16	47.36%	13 S	7.89%	17 S	44.73%	19 S
3	16.5	47.36%	13.5 S	7.89%	16.5 S	44.73%	19.5 S
3	17	47.36%	14 S	7.89%	16 S	44.73%	20 S
3	17.5	47.36%	14.5 S	7.89%	15.5 S	44.73%	20.5 S
3	18	47.36%	15 S	7.89%	15 S	44.73%	21 S
3	18.5	47.36%	15.5 S	7.89%	14.5 S	44.73%	21.5 S

n	c	Gana la apuesta en color		Gana una apuesta en un número		No gana ninguna apuesta	
		Prob.	Utilidad	Prob.	Utilidad	Prob.	Pérdida
3	19	47.36%	16 S	7.89%	14 S	44.73%	22 S
3	19.5	47.36%	16.5 S	7.89%	13.5 S	44.73%	22.5 S
3	20	47.36%	17 S	7.89%	13 S	44.73%	23 S
3	20.5	47.36%	17.5 S	7.89%	12.5 S	44.73%	23.5 S
3	21	47.36%	18 S	7.89%	12 S	44.73%	24 S
3	21.5	47.36%	18.5 S	7.89%	11.5 S	44.73%	24.5 S
3	22	47.36%	19 S	7.89%	11 S	44.73%	25 S
3	22.5	47.36%	19.5 S	7.89%	10.5 S	44.73%	25.5 S
3	23	47.36%	20 S	7.89%	10 S	44.73%	26 S
3	23.5	47.36%	20.5 S	7.89%	9.5 S	44.73%	26.5 S
3	24	47.36%	21 S	7.89%	9 S	44.73%	27 S
3	24.5	47.36%	21.5 S	7.89%	8.5 S	44.73%	27.5 S
3	25	47.36%	22 S	7.89%	8 S	44.73%	28 S
3	25.5	47.36%	22.5 S	7.89%	7.5 S	44.73%	28.5 S
3	26	47.36%	23 S	7.89%	7 S	44.73%	29 S
3	26.5	47.36%	23.5 S	7.89%	6.5 S	44.73%	29.5 S
3	27	47.36%	24 S	7.89%	6 S	44.73%	30 S
3	27.5	47.36%	24.5 S	7.89%	5.5 S	44.73%	30.5 S
3	28	47.36%	25 S	7.89%	5 S	44.73%	31 S
3	28.5	47.36%	25.5 S	7.89%	4.5 S	44.73%	31.5 S
3	29	47.36%	26 S	7.89%	4 S	44.73%	32 S
3	29.5	47.36%	26.5 S	7.89%	3.5 S	44.73%	32.5 S
3	30	47.36%	27 S	7.89%	3 S	44.73%	33 S
3	30.5	47.36%	27.5 S	7.89%	2.5 S	44.73%	33.5 S
3	31	47.36%	28 S	7.89%	2 S	44.73%	34 S
3	31.5	47.36%	28.5 S	7.89%	1.5 S	44.73%	34.5 S
3	32	47.36%	29 S	7.89%	1 S	44.73%	35 S
3	32.5	47.36%	29.5 S	7.89%	0.5 S	44.73%	35.5 S
4	4.5	47.36%	0.5 S	10.52%	27.5 S	42.10%	8.5 S
4	5	47.36%	1 S	10.52%	27 S	42.10%	9 S
4	5.5	47.36%	1.5 S	10.52%	26.5 S	42.10%	9.5 S
4	6	47.36%	2 S	10.52%	26 S	42.10%	10 S
4	6.5	47.36%	2.5 S	10.52%	25.5 S	42.10%	10.5 S
4	7	47.36%	3 S	10.52%	25 S	42.10%	11 S
4	7.5	47.36%	3.5 S	10.52%	24.5 S	42.10%	11.5 S
4	8	47.36%	4 S	10.52%	24 S	42.10%	12 S
4	8.5	47.36%	4.5 S	10.52%	23.5 S	42.10%	12.5 S
4	9	47.36%	5 S	10.52%	23 S	42.10%	13 S
4	9.5	47.36%	5.5 S	10.52%	22.5 S	42.10%	13.5 S
4	10	47.36%	6 S	10.52%	22 S	42.10%	14 S

		Gana la apuesta en color		Gana una apuesta en un número		No gana ninguna apuesta	
n	**c**	**Prob.**	**Utilidad**	**Prob.**	**Utilidad**	**Prob.**	**Pérdida**
4	10.5	47.36%	6.5 S	10.52%	21.5 S	42.10%	14.5 S
4	11	47.36%	7 S	10.52%	21 S	42.10%	15 S
4	11.5	47.36%	7.5 S	10.52%	20.5 S	42.10%	15.5 S
4	12	47.36%	8 S	10.52%	20 S	42.10%	16 S
4	12.5	47.36%	8.5 S	10.52%	19.5 S	42.10%	16.5 S
4	13	47.36%	9 S	10.52%	19 S	42.10%	17 S
4	13.5	47.36%	9.5 S	10.52%	18.5 S	42.10%	17.5 S
4	14	47.36%	10 S	10.52%	18 S	42.10%	18 S
4	14.5	47.36%	10.5 S	10.52%	17.5 S	42.10%	18.5 S
4	15	47.36%	11 S	10.52%	17 S	42.10%	19 S
4	15.5	47.36%	11.5 S	10.52%	16.5 S	42.10%	19.5 S
4	16	47.36%	12 S	10.52%	16 S	42.10%	20 S
4	16.5	47.36%	12.5	10.52%	15.5 S	42.10%	20.5 S
4	17	47.36%	13 S	10.52%	15 S	42.10%	21 S
4	17.5	47.36%	13.5 S	10.52%	14.5 S	42.10%	21.5 S
4	18	47.36%	14 S	10.52%	14 S	42.10%	22 S
4	18.5	47.36%	14.5 S	10.52%	13.5 S	42.10%	22.5 S
4	19	47.36%	15 S	10.52%	13 S	42.10%	23 S
4	19.5	47.36%	15.5 S	10.52%	12.5 S	42.10%	23.5 S
4	20	47.36%	16 S	10.52%	12 S	42.10%	24 S
4	20.5	47.36%	16.5 S	10.52%	11.5 S	42.10%	24.5 S
4	21	47.36%	17 S	10.52%	11 S	42.10%	25 S
4	21.5	47.36%	17.5 S	10.52%	10.5 S	42.10%	25.5 S
4	22	47.36%	18 S	10.52%	10 S	42.10%	26 S
4	22.5	47.36%	18.5 S	10.52%	9.5 S	42.10%	26.5 S
4	23	47.36%	19 S	10.52%	9 S	42.10%	27 S
4	23.5	47.36%	19.5 S	10.52%	8.5 S	42.10%	27.5 S
4	24	47.36%	20 S	10.52%	8 S	42.10%	28 S
4	24.5	47.36%	20.5 S	10.52%	7.5 S	42.10%	28.5 S
4	25	47.36%	21 S	10.52%	7 S	42.10%	29 S
4	25.5	47.36%	21.5 S	10.52%	6.5 S	42.10%	29.5 S
4	26	47.36%	22 S	10.52%	6 S	42.10%	30 S
4	26.5	47.36%	22.5 S	10.52%	5.5 S	42.10%	30.5 S
4	27	47.36%	23 S	10.52%	5 S	42.10%	31 S
4	27.5	47.36%	23.5 S	10.52%	4.5 S	42.10%	31.5 S
4	28	47.36%	24 S	10.52%	4 S	42.10%	32 S
4	28.5	47.36%	24.5 S	10.52%	3.5 S	42.10%	32.5 S
4	29	47.36%	25 S	10.52%	3 S	42.10%	33 S
4	29.5	47.36%	25.5 S	10.52%	2.5 S	42.10%	33.5 S
4	30	47.36%	26 S	10.52%	2 S	42.10%	34 S

		Gana la apuesta en color		Gana una apuesta en un número		No gana ninguna apuesta	
n	c	Prob.	Utilidad	Prob.	Utilidad	Prob.	Pérdida
4	30.5	47.36%	26.5 S	10.52%	1.5 S	42.10%	34.5 S
4	31	47.36%	27 S	10.52%	1 S	42.10%	35 S
4	31.5	47.36%	27.5 S	10.52%	0.5 S	42.10%	35.5 S
5	5.5	47.36%	0.5 S	13.15%	25.5 S	39.47%	10.5 S
5	6	47.36%	1 S	13.15%	25 S	39.47%	11 S
5	6.5	47.36%	1.5 S	13.15%	24.5 S	39.47%	11.5 S
5	7	47.36%	2 S	13.15%	24 S	39.47%	12 S
5	7.5	47.36%	2.5 S	13.15%	23.5 S	39.47%	12.5 S
5	8	47.36%	3 S	13.15%	23 S	39.47%	13 S
5	8.5	47.36%	3.5 S	13.15%	22.5 S	39.47%	13.5 S
5	9	47.36%	4 S	13.15%	22 S	39.47%	14 S
5	9.5	47.36%	4.5 S	13.15%	21.5 S	39.47%	14.5 S
5	10	47.36%	5 S	13.15%	21 S	39.47%	15 S
5	10.5	47.36%	5.5 S	13.15%	20.5 S	39.47%	15.5 S
5	11	47.36%	6 S	13.15%	20 S	39.47%	16 S
5	11.5	47.36%	6.5 S	13.15%	19.5 S	39.47%	16.5 S
5	12	47.36%	7 S	13.15%	19 S	39.47%	17 S
5	12.5	47.36%	7.5 S	13.15%	18.5 S	39.47%	17.5 S
5	13	47.36%	8 S	13.15%	18 S	39.47%	18 S
5	13.5	47.36%	8.5 S	13.15%	17.5 S	39.47%	18.5 S
5	14	47.36%	9 S	13.15%	17 S	39.47%	19 S
5	14.5	47.36%	9.5 S	13.15%	16.5 S	39.47%	19.5 S
5	15	47.36%	10 S	13.15%	16 S	39.47%	20 S
5	15.5	47.36%	10.5 S	13.15%	15.5 S	39.47%	20.5 S
5	16	47.36%	11 S	13.15%	15 S	39.47%	21 S
5	16.5	47.36%	11.5 S	13.15%	14.5 S	39.47%	21.5 S
5	17	47.36%	12 S	13.15%	14 S	39.47%	22 S
5	17.5	47.36%	12.5 S	13.15%	13.5 S	39.47%	22.5 S
5	18	47.36%	13 S	13.15%	13 S	39.47%	23 S
5	18.5	47.36%	13.5 S	13.15%	12.5 S	39.47%	23.5 S
5	19	47.36%	14 S	13.15%	12 S	39.47%	24 S
5	19.5	47.36%	14.5 S	13.15%	11.5 S	39.47%	24.5 S
5	20	47.36%	15 S	13.15%	11 S	39.47%	25 S
5	20.5	47.36%	15.5 S	13.15%	10.5 S	39.47%	25.5 S
5	21	47.36%	16 S	13.15%	10 S	39.47%	26 S
5	21.5	47.36%	16.5 S	13.15%	9.5 S	39.47%	26.5 S
5	22	47.36%	17 S	13.15%	9 S	39.47%	27 S
5	22.5	47.36%	17.5 S	13.15%	8.5 S	39.47%	27.5 S
5	23	47.36%	18 S	13.15%	8 S	39.47%	28 S
5	23.5	47.36%	18.5 S	13.15%	7.5 S	39.47%	28.5 S

		Gana la apuesta en color		Gana una apuesta en un número		No gana ninguna apuesta	
n	*c*	Prob.	Utilidad	Prob.	Utilidad	Prob.	Pérdida
5	24	47.36%	19 S	13.15%	7 S	39.47%	29 S
5	24.5	47.36%	19.5 S	13.15%	6.5 S	39.47%	29.5 S
5	25	47.36%	20 S	13.15%	6 S	39.47%	30 S
5	25.5	47.36%	20.5 S	13.15%	5.5 S	39.47%	30.5 S
5	26	47.36%	21 S	13.15%	5 S	39.47%	31 S
5	26.5	47.36%	21.5 S	13.15%	4.5 S	39.47%	31.5 S
5	27	47.36%	22 S	13.15%	4 S	39.47%	32 S
5	27.5	47.36%	22.5 S	13.15%	3.5 S	39.47%	32.5 S
5	28	47.36%	23 S	13.15%	3 S	39.47%	33 S
5	28.5	47.36%	23.5 S	13.15%	2.5 S	39.47%	33.5 S
5	29	47.36%	24 S	13.15%	2 S	39.47%	34 S
5	29.5	47.36%	24.5 S	13.15%	1.5 S	39.47%	34.5 S
5	30	47.36%	25 S	13.15%	1 S	39.47%	35 S
5	30.5	47.36%	25.5 S	13.15%	0.5 S	39.47%	35.5 S
6	6.5	47.36%	0.5 S	15.78%	23.5 S	36.84%	12.5 S
6	7	47.36%	1 S	15.78%	23 S	36.84%	13 S
6	7.5	47.36%	1.5 S	15.78%	22.5 S	36.84%	13.5 S
6	8	47.36%	2 S	15.78%	22 S	36.84%	14 S
6	8.5	47.36%	2.5 S	15.78%	21.5 S	36.84%	14.5 S
6	9	47.36%	3 S	15.78%	21 S	36.84%	15 S
6	9.5	47.36%	3.5 S	15.78%	20.5 S	36.84%	15.5 S
6	10	47.36%	4 S	15.78%	20 S	36.84%	16 S
6	10.5	47.36%	4.5 S	15.78%	19.5 S	36.84%	16.5 S
6	11	47.36%	5 S	15.78%	19 S	36.84%	17 S
6	11.5	47.36%	5.5 S	15.78%	18.5 S	36.84%	17.5 S
6	12	47.36%	6 S	15.78%	18 S	36.84%	18 S
6	12.5	47.36%	6.5 S	15.78%	17.5 S	36.84%	18.5 S
6	13	47.36%	7 S	15.78%	17 S	36.84%	19 S
6	13.5	47.36%	7.5 S	15.78%	16.5 S	36.84%	19.5 S
6	14	47.36%	8 S	15.78%	16 S	36.84%	20 S
6	14.5	47.36%	8.5 S	15.78%	15.5 S	36.84%	20.5 S
6	15	47.36%	9 S	15.78%	15 S	36.84%	21 S
6	15.5	47.36%	9.5 S	15.78%	14.5 S	36.84%	21.5 S
6	16	47.36%	10 S	15.78%	14 S	36.84%	22 S
6	16.5	47.36%	10.5 S	15.78%	13.5 S	36.84%	22.5 S
6	17	47.36%	11 S	15.78%	13 S	36.84%	23 S
6	17.5	47.36%	11.5 S	15.78%	12.5 S	36.84%	23.5 S
6	18	47.36%	12 S	15.78%	12 S	36.84%	24 S
6	18.5	47.36%	12.5 S	15.78%	11.5 S	36.84%	24.5 S
6	19	47.36%	13 S	15.78%	11 S	36.84%	25 S

n	c	Gana la apuesta en color		Gana una apuesta en un número		No gana ninguna apuesta	
		Prob.	Utilidad	Prob.	Utilidad	Prob.	Pérdida
6	19.5	47.36%	13.5 S	15.78%	10.5 S	36.84%	25.5 S
6	20	47.36%	14 S	15.78%	10 S	36.84%	26 S
6	20.5	47.36%	14.5 S	15.78%	9.5 S	36.84%	26.5 S
6	21	47.36%	15 S	15.78%	9 S	36.84%	27 S
6	21.5	47.36%	15.5 S	15.78%	8.5 S	36.84%	27.5 S
6	22	47.36%	16 S	15.78%	8 S	36.84%	28 S
6	22.5	47.36%	16.5 S	15.78%	7.5 S	36.84%	28.5 S
6	23	47.36%	17 S	15.78%	7 S	36.84%	29 S
6	23.5	47.36%	17.5 S	15.78%	6.5 S	36.84%	29.5 S
6	24	47.36%	18 S	15.78%	6 S	36.84%	30 S
6	24.5	47.36%	18.5 S	15.78%	5.5 S	36.84%	30.5 S
6	25	47.36%	19 S	15.78%	5 S	36.84%	31 S
6	25.5	47.36%	19.5 S	15.78%	4.5 S	36.84%	31.5 S
6	26	47.36%	20 S	15.78%	4 S	36.84%	32 S
6	26.5	47.36%	20.5 S	15.78%	3.5 S	36.84%	32.5 S
6	27	47.36%	21 S	15.78%	3 S	36.84%	33 S
6	27.5	47.36%	21.5 S	15.78%	2.5 S	36.84%	33.5 S
6	28	47.36%	22 S	15.78%	2 S	36.84%	34 S
6	28.5	47.36%	22.5 S	15.78%	1.5 S	36.84%	34.5 S
6	29	47.36%	23 S	15.78%	1 S	36.84%	35 S
6	29.5	47.36%	23.5 S	15.78%	0.5 S	36.84%	35.5 S
7	7.5	47.36%	0.5 S	18.42%	21.5 S	34.21%	14.5 S
7	8	47.36%	1 S	18.42%	21 S	34.21%	15 S
7	8.5	47.36%	1.5 S	18.42%	20.5 S	34.21%	15.5 S
7	9	47.36%	2 S	18.42%	20 S	34.21%	16 S
7	9.5	47.36%	2.5 S	18.42%	19.5 S	34.21%	16.5 S
7	10	47.36%	3 S	18.42%	19 S	34.21%	17 S
7	10.5	47.36%	3.5 S	18.42%	18.5 S	34.21%	17.5 S
7	11	47.36%	4 S	18.42%	18 S	34.21%	18 S
7	11.5	47.36%	4.5 S	18.42%	17.5 S	34.21%	18.5 S
7	12	47.36%	5 S	18.42%	17 S	34.21%	19 S
7	12.5	47.36%	5.5 S	18.42%	16.5 S	34.21%	19.5 S
7	13	47.36%	6 S	18.42%	16 S	34.21%	20 S
7	13.5	47.36%	6.5 S	18.42%	15.5 S	34.21%	20.5 S
7	14	47.36%	7 S	18.42%	15 S	34.21%	21 S
7	14.5	47.36%	7.5 S	18.42%	14.5 S	34.21%	21.5 S
7	15	47.36%	8 S	18.42%	14 S	34.21%	22 S
7	15.5	47.36%	8.5 S	18.42%	13.5 S	34.21%	22.5 S
7	16	47.36%	9 S	18.42%	13 S	34.21%	23 S
7	16.5	47.36%	9.5 S	18.42%	12.5 S	34.21%	23.5 S

		Gana la apuesta en color		Gana una apuesta en un número		No gana ninguna apuesta	
n	c	Prob.	Utilidad	Prob.	Utilidad	Prob.	Pérdida
7	17	47.36%	10 S	18.42%	12 S	34.21%	24 S
7	17.5	47.36%	10.5 S	18.42%	11.5 S	34.21%	24.5 S
7	18	47.36%	11 S	18.42%	11 S	34.21%	25 S
7	18.5	47.36%	11.5 S	18.42%	10.5 S	34.21%	25.5 S
7	19	47.36%	12 S	18.42%	10 S	34.21%	26 S
7	19.5	47.36%	12.5 S	18.42%	9.5 S	34.21%	26.5 S
7	20	47.36%	13 S	18.42%	9 S	34.21%	27 S
7	20.5	47.36%	13.5 S	18.42%	8.5 S	34.21%	27.5 S
7	21	47.36%	14 S	18.42%	8 S	34.21%	28 S
7	21.5	47.36%	14.5 S	18.42%	7.5 S	34.21%	28.5 S
7	22	47.36%	15 S	18.42%	7 S	34.21%	29 S
7	22.5	47.36%	15.5 S	18.42%	6.5 S	34.21%	29.5 S
7	23	47.36%	16 S	18.42%	6 S	34.21%	30 S
7	23.5	47.36%	16.5 S	18.42%	5.5 S	34.21%	30.5 S
7	24	47.36%	17 S	18.42%	5 S	34.21%	31 S
7	24.5	47.36%	17.5 S	18.42%	4.5 S	34.21%	31.5 S
7	25	47.36%	18 S	18.42%	4 S	34.21%	32 S
7	25.5	47.36%	18.5 S	18.42%	3.5 S	34.21%	32.5 S
7	26	47.36%	19 S	18.42%	3 S	34.21%	33 S
7	26.5	47.36%	19.5 S	18.42%	2.5 S	34.21%	33.5 S
7	27	47.36%	20 S	18.42%	2 S	34.21%	34 S
7	27.5	47.36%	20.5 S	18.42%	1.5 S	34.21%	34.5 S
7	28	47.36%	21 S	18.42%	1 S	34.21%	35 S
7	28.5	47.36%	21.5 S	18.42%	0.5 S	34.21%	35.5 S
8	8.5	47.36%	0.5 S	21.05%	19.5 S	31.57%	16.5 S
8	9	47.36%	1 S	21.05%	19 S	31.57%	17 S
8	9.5	47.36%	1.5 S	21.05%	18.5 S	31.57%	17.5 S
8	10	47.36%	2 S	21.05%	18 S	31.57%	18 S
8	10.5	47.36%	2.5 S	21.05%	17.5 S	31.57%	18.5 S
8	11	47.36%	3 S	21.05%	17 S	31.57%	19 S
8	11.5	47.36%	3.5 S	21.05%	16.5 S	31.57%	19.5 S
8	12	47.36%	4 S	21.05%	16 S	31.57%	20 S
8	12.5	47.36%	4.5 S	21.05%	15.5 S	31.57%	20.5 S
8	13	47.36%	5 S	21.05%	15 S	31.57%	21 S
8	13.5	47.36%	5.5 S	21.05%	14.5 S	31.57%	21.5 S
8	14	47.36%	6 S	21.05%	14 S	31.57%	22 S
8	14.5	47.36%	6.5 S	21.05%	13.5 S	31.57%	22.5 S
8	15	47.36%	7 S	21.05%	13 S	31.57%	23 S
8	15.5	47.36%	7.5 S	21.05%	12.5 S	31.57%	23.5 S
8	16	47.36%	8 S	21.05%	12 S	31.57%	24 S

n	c	Gana la apuesta en color		Gana una apuesta en un número		No gana ninguna apuesta	
		Prob.	Utilidad	Prob.	Utilidad	Prob.	Pérdida
8	16.5	47.36%	8.5 S	21.05%	11.5 S	31.57%	24.5 S
8	17	47.36%	9 S	21.05%	11 S	31.57%	25 S
8	17.5	47.36%	9.5 S	21.05%	10.5 S	31.57%	25.5 S
8	18	47.36%	10 S	21.05%	10 S	31.57%	26 S
8	18.5	47.36%	10.5 S	21.05%	9.5 S	31.57%	26.5 S
8	19	47.36%	11 S	21.05%	9 S	31.57%	27 S
8	19.5	47.36%	11.5 S	21.05%	8.5 S	31.57%	27.5 S
8	20	47.36%	12 S	21.05%	8 S	31.57%	28 S
8	20.5	47.36%	12.5 S	21.05%	7.5 S	31.57%	28.5 S
8	21	47.36%	13 S	21.05%	7 S	31.57%	29 S
8	21.5	47.36%	13.5 S	21.05%	6.5 S	31.57%	29.5 S
8	22	47.36%	14 S	21.05%	6 S	31.57%	30 S
8	22.5	47.36%	14.5 S	21.05%	5.5 S	31.57%	30.5 S
8	23	47.36%	15 S	21.05%	5 S	31.57%	31 S
8	23.5	47.36%	15.5 S	21.05%	4.5 S	31.57%	31.5 S
8	24	47.36%	16 S	21.05%	4 S	31.57%	32 S
8	24.5	47.36%	16.5 S	21.05%	3.5 S	31.57%	32.5 S
8	25	47.36%	17 S	21.05%	3 S	31.57%	33 S
8	25.5	47.36%	17.5 S	21.05%	2.5 S	31.57%	33.5 S
8	26	47.36%	18 S	21.05%	2 S	31.57%	34 S
8	26.5	47.36%	18.5 S	21.05%	1.5 S	31.57%	34.5 S
8	27	47.36%	19 S	21.05%	1 S	31.57%	35 S
8	27.5	47.36%	19.5 S	21.05%	0.5 S	31.57%	35.5 S
9	9.5	47.36%	0.5 S	23.68%	17.5 S	28.94%	18.5 S
9	10	47.36%	1 S	23.68%	17 S	28.94%	19 S
9	10.5	47.36%	1.5 S	23.68%	16.5 S	28.94%	19.5 S
9	11	47.36%	2 S	23.68%	16 S	28.94%	20 S
9	11.5	47.36%	2.5 S	23.68%	15.5 S	28.94%	20.5 S
9	12	47.36%	3 S	23.68%	15 S	28.94%	21 S
9	12.5	47.36%	3.5 S	23.68%	14.5 S	28.94%	21.5 S
9	13	47.36%	4 S	23.68%	14 S	28.94%	22 S
9	13.5	47.36%	4.5 S	23.68%	13.5 S	28.94%	22.5 S
9	14	47.36%	5 S	23.68%	13 S	28.94%	23 S
9	14.5	47.36%	5.5 S	23.68%	12.5 S	28.94%	23.5 S
9	15	47.36%	6 S	23.68%	12 S	28.94%	24 S
9	15.5	47.36%	6.5 S	23.68%	11.5 S	28.94%	24.5 S
9	16	47.36%	7 S	23.68%	11 S	28.94%	25 S
9	16.5	47.36%	7.5 S	23.68%	10.5 S	28.94%	25.5 S
9	17	47.36%	8 S	23.68%	10 S	28.94%	26 S
9	17.5	47.36%	8.5 S	23.68%	9.5 S	28.94%	26.5 S

		Gana la apuesta en color		Gana una apuesta en un número		No gana ninguna apuesta	
n	*c*	Prob.	Utilidad	Prob.	Utilidad	Prob.	Pérdida
9	18	47.36%	9 S	23.68%	9 S	28.94%	27 S
9	18.5	47.36%	9.5 S	23.68%	8.5 S	28.94%	27.5 S
9	19	47.36%	10 S	23.68%	8 S	28.94%	28 S
9	19.5	47.36%	10.5 S	23.68%	7.5 S	28.94%	28.5 S
9	20	47.36%	11 S	23.68%	7 S	28.94%	29 S
9	20.5	47.36%	11.5 S	23.68%	6.5 S	28.94%	29.5 S
9	21	47.36%	12 S	23.68%	6 S	28.94%	30 S
9	21.5	47.36%	12.5 S	23.68%	5.5 S	28.94%	30.5 S
9	22	47.36%	13 S	23.68%	5 S	28.94%	31 S
9	22.5	47.36%	13.5 S	23.68%	4.5 S	28.94%	31.5 S
9	23	47.36%	14 S	23.68%	4 S	28.94%	32 S
9	23.5	47.36%	14.5 S	23.68%	3.5 S	28.94%	32.5 S
9	24	47.36%	15 S	23.68%	3 S	28.94%	33 S
9	24.5	47.36%	15.5 S	23.68%	2.5 S	28.94%	33.5 S
9	25	47.36%	16 S	23.68%	2 S	28.94%	34 S
9	25.5	47.36%	16.5 S	23.68%	1.5 S	28.94%	34.5 S
9	26	47.36%	17 S	23.68%	1 S	28.94%	35 S
9	26.5	47.36%	17.5 S	23.68%	0.5 S	28.94%	35.5 S
10	10.5	47.36%	0.5 S	26.31%	15.5 S	26.31%	20.5 S
10	11	47.36%	1 S	26.31%	15 S	26.31%	21 S
10	11.5	47.36%	1.5 S	26.31%	14.5 S	26.31%	21.5 S
10	12	47.36%	2 S	26.31%	14 S	26.31%	22 S
10	12.5	47.36%	2.5 S	26.31%	13.5 S	26.31%	22.5 S
10	13	47.36%	3 S	26.31%	13 S	26.31%	23 S
10	13.5	47.36%	3.5 S	26.31%	12.5 S	26.31%	23.5 S
10	14	47.36%	4 S	26.31%	12 S	26.31%	24 S
10	14.5	47.36%	4.5 S	26.31%	11.5 S	26.31%	24.5 S
10	15	47.36%	5 S	26.31%	11 S	26.31%	25 S
10	15.5	47.36%	5.5 S	26.31%	10.5 S	26.31%	25.5 S
10	16	47.36%	6 S	26.31%	10 S	26.31%	26 S
10	16.5	47.36%	6.5 S	26.31%	9.5 S	26.31%	26.5 S
10	17	47.36%	7 S	26.31%	9 S	26.31%	27 S
10	17.5	47.36%	7.5 S	26.31%	8.5 S	26.31%	27.5 S
10	18	47.36%	8 S	26.31%	8 S	26.31%	28 S
10	18.5	47.36%	8.5 S	26.31%	7.5 S	26.31%	28.5 S
10	19	47.36%	9 S	26.31%	7 S	26.31%	29 S
10	19.5	47.36%	9.5 S	26.31%	6.5 S	26.31%	29.5 S
10	20	47.36%	10 S	26.31%	6 S	26.31%	30 S
10	20.5	47.36%	10.5 S	26.31%	5.5 S	26.31%	30.5 S
10	21	47.36%	11 S	26.31%	5 S	26.31%	31 S

n	c	Gana la apuesta en color		Gana una apuesta en un número		No gana ninguna apuesta	
		Prob.	Utilidad	Prob.	Utilidad	Prob.	Pérdida
10	21.5	47.36%	11.5 S	26.31%	4.5 S	26.31%	31.5 S
10	22	47.36%	12 S	26.31%	4 S	26.31%	32 S
10	22.5	47.36%	12.5 S	26.31%	3.5 S	26.31%	32.5 S
10	23	47.36%	13 S	26.31%	3 S	26.31%	33 S
10	23.5	47.36%	13.5 S	26.31%	2.5 S	26.31%	33.5 S
10	24	47.36%	14 S	26.31%	2 S	26.31%	34 S
10	24.5	47.36%	14.5 S	26.31%	1.5 S	26.31%	34.5 S
10	25	47.36%	15 S	26.31%	1 S	26.31%	35 S
10	25.5	47.36%	15.5 S	26.31%	0.5 S	26.31%	35.5 S
11	11.5	47.36%	0.5 S	28.94%	13.5 S	23.68%	22.5 S
11	12	47.36%	1 S	28.94%	13 S	23.68%	23 S
11	12.5	47.36%	1.5 S	28.94%	12.5 S	23.68%	23.5 S
11	13	47.36%	2 S	28.94%	12 S	23.68%	24 S
11	13.5	47.36%	2.5 S	28.94%	11.5 S	23.68%	24.5 S
11	14	47.36%	3 S	28.94%	11 S	23.68%	25 S
11	14.5	47.36%	3.5 S	28.94%	10.5 S	23.68%	25.5 S
11	15	47.36%	4 S	28.94%	10 S	23.68%	26 S
11	15.5	47.36%	4.5 S	28.94%	9.5 S	23.68%	26.5 S
11	16	47.36%	5 S	28.94%	9 S	23.68%	27 S
11	16.5	47.36%	5.5 S	28.94%	8.5 S	23.68%	27.5 S
11	17	47.36%	6 S	28.94%	8 S	23.68%	28 S
11	17.5	47.36%	6.5 S	28.94%	7.5 S	23.68%	28.5 S
11	18	47.36%	7 S	28.94%	7 S	23.68%	29 S
11	18.5	47.36%	7.5 S	28.94%	6.5 S	23.68%	29.5 S
11	19	47.36%	8 S	28.94%	6 S	23.68%	30 S
11	19.5	47.36%	8.5 S	28.94%	5.5 S	23.68%	30.5 S
11	20	47.36%	9 S	28.94%	5 S	23.68%	31 S
11	20.5	47.36%	9.5 S	28.94%	4.5 S	23.68%	31.5 S
11	21	47.36%	10 S	28.94%	4 S	23.68%	32 S
11	21.5	47.36%	10.5 S	28.94%	3.5 S	23.68%	32.5 S
11	22	47.36%	11 S	28.94%	3 S	23.68%	33 S
11	22.5	47.36%	11.5 S	28.94%	2.5 S	23.68%	33.5 S
11	23	47.36%	12 S	28.94%	2 S	23.68%	34 S
11	23.5	47.36%	12.5 S	28.94%	1.5 S	23.68%	34.5 S
11	24	47.36%	13 S	28.94%	1 S	23.68%	35 S
11	24.5	47.36%	13.5 S	28.94%	0.5 S	23.68%	35.5 S
12	12.5	47.36%	0.5 S	31.57%	11.5 S	21.05%	24.5 S
12	13	47.36%	1 S	31.57%	11 S	21.05%	25 S
12	13.5	47.36%	1.5 S	31.57%	10.5 S	21.05%	25.5 S
12	14	47.36%	2 S	31.57%	10 S	21.05%	26 S

		Gana la apuesta en color		Gana una apuesta en un número		No gana ninguna apuesta	
n	c	Prob.	Utilidad	Prob.	Utilidad	Prob.	Pérdida
12	14.5	47.36%	2.5 S	31.57%	9.5 S	21.05%	26.5 S
12	15	47.36%	3 S	31.57%	9 S	21.05%	27 S
12	15.5	47.36%	3.5 S	31.57%	8.5 S	21.05%	27.5 S
12	16	47.36%	4 S	31.57%	8 S	21.05%	28 S
12	16.5	47.36%	4.5 S	31.57%	7.5 S	21.05%	28.5 S
12	17	47.36%	5 S	31.57%	7 S	21.05%	29 S
12	17.5	47.36%	5.5 S	31.57%	6.5 S	21.05%	29.5 S
12	18	47.36%	6 S	31.57%	6 S	21.05%	30 S
12	18.5	47.36%	6.5 S	31.57%	5.5 S	21.05%	30.5 S
12	19	47.36%	7 S	31.57%	5 S	21.05%	31 S
12	19.5	47.36%	7.5 S	31.57%	4.5 S	21.05%	31.5 S
12	20	47.36%	8 S	31.57%	4 S	21.05%	32 S
12	20.5	47.36%	8.5 S	31.57%	3.5 S	21.05%	32.5 S
12	21	47.36%	9 S	31.57%	3 S	21.05%	33 S
12	21.5	47.36%	9.5 S	31.57%	2.5 S	21.05%	33.5 S
12	22	47.36%	10 S	31.57%	2 S	21.05%	34 S
12	22.5	47.36%	10.5 S	31.57%	1.5 S	21.05%	34.5 S
12	23	47.36%	11 S	31.57%	1 S	21.05%	35 S
12	23.5	47.36%	11.5 S	31.57%	0.5 S	21.05%	35.5 S
13	13.5	47.36%	0.5 S	34.21%	9.5 S	18.42%	26.5 S
13	14	47.36%	1 S	34.21%	9 S	18.42%	27 S
13	14.5	47.36%	1.5 S	34.21%	8.5 S	18.42%	27.5 S
13	15	47.36%	2 S	34.21%	8 S	18.42%	28 S
13	15.5	47.36%	2.5 S	34.21%	7.5 S	18.42%	28.5 S
13	16	47.36%	3 S	34.21%	7 S	18.42%	29 S
13	16.5	47.36%	3.5 S	34.21%	6.5 S	18.42%	29.5 S
13	17	47.36%	4 S	34.21%	6 S	18.42%	30 S
13	17.5	47.36%	4.5 S	34.21%	5.5 S	18.42%	30.5 S
13	18	47.36%	5 S	34.21%	5 S	18.42%	31 S
13	18.5	47.36%	5.5 S	34.21%	4.5 S	18.42%	31.5 S
13	19	47.36%	6 S	34.21%	4 S	18.42%	32 S
13	19.5	47.36%	6.5 S	34.21%	3.5 S	18.42%	32.5 S
13	20	47.36%	7 S	34.21%	3 S	18.42%	33 S
13	20.5	47.36%	7.5 S	34.21%	2.5 S	18.42%	33.5 S
13	21	47.36%	8 S	34.21%	2 S	18.42%	34 S
13	21.5	47.36%	8.5 S	34.21%	1.5 S	18.42%	34.5 S
13	22	47.36%	9 S	34.21%	1 S	18.42%	35 S
13	22.5	47.36%	9.5 S	34.21%	0.5 S	18.42%	35.5 S
14	14.5	47.36%	0.5 S	36.84%	7.5 S	15.78%	28.5 S
14	15	47.36%	1 S	36.84%	7 S	15.78%	29 S

		Gana la apuesta en color		Gana una apuesta en un número		No gana ninguna apuesta	
n	*c*	Prob.	Utilidad	Prob.	Utilidad	Prob.	Pérdida
14	15.5	47.36%	1.5 S	36.84%	6.5 S	15.78%	29.5 S
14	16	47.36%	2 S	36.84%	6 S	15.78%	30 S
14	16.5	47.36%	2.5 S	36.84%	5.5 S	15.78%	30.5 S
14	17	47.36%	3 S	36.84%	5 S	15.78%	31 S
14	17.5	47.36%	3.5 S	36.84%	4.5 S	15.78%	31.5 S
14	18	47.36%	4 S	36.84%	4 S	15.78%	32 S
14	18.5	47.36%	4.5 S	36.84%	3.5 S	15.78%	32.5 S
14	19	47.36%	5 S	36.84%	3 S	15.78%	33 S
14	19.5	47.36%	5.5 S	36.84%	2.5 S	15.78%	33.5 S
14	20	47.36%	6 S	36.84%	2 S	15.78%	34 S
14	20.5	47.36%	6.5 S	36.84%	1.5 S	15.78%	34.5 S
14	21	47.36%	7 S	36.84%	1 S	15.78%	35 S
14	21.5	47.36%	7.5 S	36.84%	0.5 S	15.78%	35.5 S
15	15.5	47.36%	0.5 S	39.47%	5.5 S	13.15%	30.5 S
15	16	47.36%	1 S	39.47%	5 S	13.15%	31 S
15	16.5	47.36%	1.5 S	39.47%	4.5 S	13.15%	31.5 S
15	17	47.36%	2 S	39.47%	4 S	13.15%	32 S
15	17.5	47.36%	2.5 S	39.47%	3.5 S	13.15%	32.5 S
15	18	47.36%	3 S	39.47%	3 S	13.15%	33 S
15	18.5	47.36%	3.5 S	39.47%	2.5 S	13.15%	33.5 S
15	19	47.36%	4 S	39.47%	2 S	13.15%	34 S
15	19.5	47.36%	4.5 S	39.47%	1.5 S	13.15%	34.5 S
15	20	47.36%	5 S	39.47%	1 S	13.15%	35 S
15	20.5	47.36%	5.5 S	39.47%	0.5 S	13.15%	35.5 S
16	16.5	47.36%	0.5 S	42.10%	3.5 S	10.52%	32.5 S
16	17	47.36%	1 S	42.10%	3 S	10.52%	33 S
16	17.5	47.36%	1.5 S	42.10%	2.5 S	10.52%	33.5 S
16	18	47.36%	2 S	42.10%	2 S	10.52%	34 S
16	18.5	47.36%	2.5 S	42.10%	1.5 S	10.52%	34.5 S
16	19	47.36%	3 S	42.10%	1 S	10.52%	35 S
16	19.5	47.36%	3.5 S	42.10%	0.5 S	10.52%	35.5 S
17	17.5	47.36%	0.5 S	44.73%	1.5 S	7.89%	34.5 S
17	18	47.36%	1 S	44.73%	1 S	7.89%	35 S
17	18.5	47.36%	1.5 S	44.73%	0.5 S	7.89%	35.5 S

Las tablas fueron diseñadas para la ruleta americana con 38 números.

Para la ruleta europea con 37 números, sólo las columnas de probabilidad cambian, pero el cambio es muy ligero: la probabilidad de ganar la apuesta en color es de 18/37 en vez de 18/38, que es 48,64% en vez de 47,36%, y la probabilidad de ganar una apuesta pleno de n en tales apuestas será $n/37$ en vez de $n/38$.

La probabilidad de no ganar ninguna apuesta será entonces $(19 - n)/37$ en vez de $(20 - n)/38$.

Vamos a calcular estas nuevas probabilidades para encontrar el valor marginal de n en las tablas, o 1 y 17:

$P(A) = 48,64\%$ en vez de 47,36%, como vimos, así que la diferencia es menos que 1,3%.

para $n = 1$, $P(B) = 1/37 = 2,70\%$ (en vez de 2,63%)

para $n = 17$, $P(B) = 17/37 = 45,94\%$ (en vez de 44,73%), así que la diferencia es menos que 1,3%.

para $n = 1$, $P(B) = 18/37 = 48,64\%$ (en vez de 50%)

para $n = 17$, $P(B) = 2/37 = 5,40\%$ (en vez de 7,89%), así que la diferencia es menos que 2,5%.

Globalmente, podemos declarar que las probabilidades de los sucesos A, B y C varían entre los dos tipos de ruleta dentro de un rango de $0 - 2,5\%$.

¿Cómo debemos interpretar estas tablas y como elegimos las opciones correctas de apuesta?

Las observaciones básicas son: conforme incrementa n, la probabilidad de ganar incrementa; conforme incrementa c con la misma n, la posible utilidad aumenta, pero así mismo aumenta la eventual pérdida.

Cada zona tiene su propia interpretación. Por ejemplo, la última fila dice que tenemos una enorme probabilidad de ganar ($44,36\% + 44,73\% = 89,1\%$); en caso de ganar, la utilidad sería $0,5S$ o $1,5S$. Así mismo dice que tenemos una baja probabilidad de perder (7,89%), pero en caso de perder, la pérdida sería $35,5S$.

Esto significa que si elegimos un bajo monto S y corremos dichas apuestas con la meta de hacer una pequeña utilidad bajo la seguridad de una alta probabilidad de ganar, necesitamos un tiempo considerable para hacer una utilidad razonable, pero sólo una pérdida puede arruinar todos los esfuerzos anteriores.

Si subimos los montos apostados y corremos esta apuesta con un alto monto S, debemos esperar ganar algo en un plazo razonable, pero una pérdida sería más destructiva que en la situación previa, aunque sea bajo la misma probabilidad.

La expectativa matemática para una apuesta a largo plazo de este tipo es

$$M = 47,36\% \cdot 1,5S + 44,73\% \cdot 0,5S - 7,89\% \cdot 35,5S = -1,42S.$$

Para un monto de \$1 de S, un jugador puede tener la expectativa de perder un promedio de \$1,42 por cada apuesta de \$35,5.

Tomemos un ejemplo de las primeras filas al principio de la tabla: $n = 3$, $c = 4$.

La probabilidad de ganar es 47,36% + 7,89% = 55,25% y la probabilidad de perder es 44,73%, casi 10% menos.

La ganancia más probable en caso de ganar es $1S$ y en caso de perder, la pérdida es $7S$.

Da la impresión de que esta apuesta es más apropiada para un jugador que quiere hacer una utilidad normal en una apuesta a corto o mediano plazo: jugando para obtener esa ganancia $1S$ con posibilidades más altas del 50% y esperar ganar en grande con un $29S$ si gana una apuesta pleno. Una pérdida eventual de $7S$ le quitará al jugador unos cuantos juegos pero esto posiblemente no lo arruine, especialmente si el gane previo del jugador fue una apuesta pleno ($29S$).

La expectativa matemática para una apuesta a largo plazo de este tipo es $M = 47,36\% \cdot S + 7,89\% \cdot 29S - 44,73\% \cdot 7S = -0,37S$.

Para un monto de \$1 de S, un jugador puede tener la expectativa de perder un promedio de \$0,37 por cada apuesta de \$7.

Apostando en una columna y en números externos

Esta apuesta se hace en una columna (paga 2 a 1) y varias apuestas plenos (paga 35 a 1) en números externos a la columna.

Utilizamos las mismas denotaciones de la sección previa: S es el monto de la apuesta en cada número, cS es el monto de la apuesta en la columna y n es el número de apuestas plenos.

n podría estar entre 1 y 24 porque hay 24 números externos a la columna.

Los posibles sucesos después de girar la ruleta son: A – ganar la apuesta en la columna, B – ganar una apuesta en un número y C – no ganar ninguna apuesta.

Estos sucesos son exhaustivos y mutuamente excluyentes, así que:

$$P(A \cup B \cup C) = P(A) + P(B) + P(C) = 1$$

Ahora vamos a encontrar la probabilidad de cada suceso y la utilidad o pérdida en cada caso:

A. La probabilidad de que un número de cierta columna gane es $P(A) = 12/38 = 6/19 = 31{,}578\%$.

En el caso de ganar la apuesta en columna, el jugador gana $2cS - nS = (2c - n)S$, utilizando la convención de que si este monto es negativo, se le llamará una pérdida.

B. La probabilidad de que gane uno de los números específicos n es $P(B) = n/38$.

En el caso de ganar una apuesta pleno, el jugador gana $35S - (n - 1)S - cS = (36 - n - c)S$, utilizando la misma convención del suceso A.

C. La probabilidad de no ganar ninguna apuesta es

$$P(C) = 1 - P(A) - P(B) = 1 - \frac{6}{19} - \frac{n}{38} = \frac{26 - n}{38}.$$

Si no gana ninguna apuesta, entonces el jugador pierde $cS + nS = (c + n)S$.

La probabilidad global de ganar es $P(A) + P(B) = \dfrac{12 + n}{38}$.

Es natural poner la condición de una utilidad positiva en ambos casos A y B, lo que resulta en:

$$\begin{cases} 2c - n > 0 \\ 36 - c - n > 0 \end{cases} \Leftrightarrow \begin{cases} c > \dfrac{n}{2} \\ c < 36 - n \end{cases} \Rightarrow \dfrac{n}{2} < c < 36 - n \ (1)$$

$$\begin{cases} 2c - n > 0 \\ 36 - c - n > 0 \end{cases} \Leftrightarrow \begin{cases} 2c - n > 0 \\ 72 - 2c - 2n > 0 \end{cases} \Rightarrow 3n < 72 \Leftrightarrow n < 24 \ (2)$$

Las relaciones (1) y (2) son las condiciones en los parámetros n y c que restringen el número de subcasos que se estudian.

Estas fórmulas emiten las siguientes tablas de valores, en las que n incrementa de 1 a 23 y c tiene incrementos de 0,5.

S se deja como una variable para ser reemplazada por los jugadores con cualquier monto básico apostado de acuerdo con sus propios comportamientos y estrategias de apuesta.

Como en la sección previa, las tablas fueron diseñadas para la ruleta americana.

Observación:

Las mismas fórmulas y tablas también son ciertas para las apuestas complejas que consisten de una apuesta docena y apuestas plenos en números externos a la docena.

Esto ocurre porque las apuestas son equivalentes, respectivamente, si tienen los mismos montos apostados.

		Gana la apuesta en columna		Gana una apuesta en un número		No gana ninguna apuesta	
n	*c*	Prob.	Utilidad	Prob.	Utilidad	Prob.	Pérdida
1	1	31.57%	1 S	2.63%	34 S	65.78%	2 S
1	1.5	31.57%	2 S	2.63%	33.5 S	65.78%	2.5 S
1	2	31.57%	3 S	2.63%	33 S	65.78%	3 S
1	2.5	31.57%	4 S	2.63%	32.5 S	65.78%	3.5 S
1	3	31.57%	5 S	2.63%	32 S	65.78%	4 S
1	3.5	31.57%	6 S	2.63%	31.5 S	65.78%	4.5 S
1	4	31.57%	7 S	2.63%	31 S	65.78%	5 S
1	4.5	31.57%	8 S	2.63%	30.5 S	65.78%	5.5 S
1	5	31.57%	9 S	2.63%	30 S	65.78%	6 S
1	5.5	31.57%	10 S	2.63%	29.5 S	65.78%	6.5 S
1	6	31.57%	11 S	2.63%	29 S	65.78%	7 S
1	6.5	31.57%	12 S	2.63%	28.5 S	65.78%	7.5 S
1	7	31.57%	13 S	2.63%	28 S	65.78%	8 S
1	7.5	31.57%	14 S	2.63%	27.5 S	65.78%	8.5 S
1	8	31.57%	15 S	2.63%	27 S	65.78%	9 S
1	8.5	31.57%	16 S	2.63%	26.5 S	65.78%	9.5 S
1	9	31.57%	17 S	2.63%	26 S	65.78%	10 S
1	9.5	31.57%	18 S	2.63%	25.5 S	65.78%	10.5 S
1	10	31.57%	19 S	2.63%	25 S	65.78%	11 S
1	10.5	31.57%	20 S	2.63%	24.5 S	65.78%	11.5 S
1	11	31.57%	21 S	2.63%	24 S	65.78%	12 S
1	11.5	31.57%	22 S	2.63%	23.5 S	65.78%	12.5 S
1	12	31.57%	23 S	2.63%	23 S	65.78%	13 S
1	12.5	31.57%	24 S	2.63%	22.5 S	65.78%	13.5 S
1	13	31.57%	25 S	2.63%	22 S	65.78%	14 S
1	13.5	31.57%	26 S	2.63%	21.5 S	65.78%	14.5 S
1	14	31.57%	27 S	2.63%	21 S	65.78%	15 S
1	14.5	31.57%	28 S	2.63%	20.5 S	65.78%	15.5 S
1	15	31.57%	29 S	2.63%	20 S	65.78%	16 S
1	15.5	31.57%	30 S	2.63%	19.5 S	65.78%	16.5 S
1	16	31.57%	31 S	2.63%	19 S	65.78%	17 S
1	16.5	31.57%	32 S	2.63%	18.5 S	65.78%	17.5 S
1	17	31.57%	33 S	2.63%	18 S	65.78%	18 S
1	17.5	31.57%	34 S	2.63%	17.5 S	65.78%	18.5 S
1	18	31.57%	35 S	2.63%	17 S	65.78%	19 S
1	18.5	31.57%	36 S	2.63%	16.5 S	65.78%	19.5 S
1	19	31.57%	37 S	2.63%	16 S	65.78%	20 S
1	19.5	31.57%	38 S	2.63%	15.5 S	65.78%	20.5 S
1	20	31.57%	39 S	2.63%	15 S	65.78%	21 S
1	20.5	31.57%	40 S	2.63%	14.5 S	65.78%	21.5 S

		Gana la apuesta en columna		Gana una apuesta en un número		No gana ninguna apuesta	
n	c	Prob.	Utilidad	Prob.	Utilidad	Prob.	Pérdida
1	21	31.57%	41 S	2.63%	14 S	65.78%	22 S
1	21.5	31.57%	42 S	2.63%	13.5 S	65.78%	22.5 S
1	22	31.57%	43 S	2.63%	13 S	65.78%	23 S
1	22.5	31.57%	44 S	2.63%	12.5 S	65.78%	23.5 S
1	23	31.57%	45 S	2.63%	12 S	65.78%	24 S
1	23.5	31.57%	46 S	2.63%	11.5 S	65.78%	24.5 S
1	24	31.57%	47 S	2.63%	11 S	65.78%	25 S
1	24.5	31.57%	48 S	2.63%	10.5 S	65.78%	25.5 S
1	25	31.57%	49 S	2.63%	10 S	65.78%	26 S
1	25.5	31.57%	50 S	2.63%	9.5 S	65.78%	26.5 S
1	26	31.57%	51 S	2.63%	9 S	65.78%	27 S
1	26.5	31.57%	52 S	2.63%	8.5 S	65.78%	27.5 S
1	27	31.57%	53 S	2.63%	8 S	65.78%	28 S
1	27.5	31.57%	54 S	2.63%	7.5 S	65.78%	28.5 S
1	28	31.57%	55 S	2.63%	7 S	65.78%	29 S
1	28.5	31.57%	56 S	2.63%	6.5 S	65.78%	29.5 S
1	29	31.57%	57 S	2.63%	6 S	65.78%	30 S
1	29.5	31.57%	58 S	2.63%	5.5 S	65.78%	30.5 S
1	30	31.57%	59 S	2.63%	5 S	65.78%	31 S
1	30.5	31.57%	60 S	2.63%	4.5 S	65.78%	31.5 S
1	31	31.57%	61 S	2.63%	4 S	65.78%	32 S
1	31.5	31.57%	62 S	2.63%	3.5 S	65.78%	32.5 S
1	32	31.57%	63 S	2.63%	3 S	65.78%	33 S
1	32.5	31.57%	64 S	2.63%	2.5 S	65.78%	33.5 S
1	33	31.57%	65 S	2.63%	2 S	65.78%	34 S
1	33.5	31.57%	66 S	2.63%	1.5 S	65.78%	34.5 S
1	34	31.57%	67 S	2.63%	1 S	65.78%	35 S
1	34.5	31.57%	68 S	2.63%	0.5 S	65.78%	35.5 S
2	1.5	31.57%	1 S	5.26%	32.5 S	63.15%	3.5 S
2	2	31.57%	2 S	5.26%	32 S	63.15%	4 S
2	2.5	31.57%	3 S	5.26%	31.5 S	63.15%	4.5 S
2	3	31.57%	4 S	5.26%	31 S	63.15%	5 S
2	3.5	31.57%	5 S	5.26%	30.5 S	63.15%	5.5 S
2	4	31.57%	6 S	5.26%	30 S	63.15%	6 S
2	4.5	31.57%	7 S	5.26%	29.5 S	63.15%	6.5 S
2	5	31.57%	8 S	5.26%	29 S	63.15%	7 S
2	5.5	31.57%	9 S	5.26%	28.5 S	63.15%	7.5 S
2	6	31.57%	10 S	5.26%	28 S	63.15%	8 S
2	6.5	31.57%	11 S	5.26%	27.5 S	63.15%	8.5 S
2	7	31.57%	12 S	5.26%	27 S	63.15%	9 S
2	7.5	31.57%	13 S	5.26%	26.5 S	63.15%	9.5 S

		Gana la apuesta en columna		Gana una apuesta en un número		No gana ninguna apuesta	
n	c	Prob.	Utilidad	Prob.	Utilidad	Prob.	Pérdida
2	8	31.57%	14 S	5.26%	26 S	63.15%	10 S
2	8.5	31.57%	15 S	5.26%	25.5 S	63.15%	10.5 S
2	9	31.57%	16 S	5.26%	25 S	63.15%	11 S
2	9.5	31.57%	17 S	5.26%	24.5 S	63.15%	11.5 S
2	10	31.57%	18 S	5.26%	24 S	63.15%	12 S
2	10.5	31.57%	19 S	5.26%	23.5 S	63.15%	12.5 S
2	11	31.57%	20 S	5.26%	23 S	63.15%	13 S
2	11.5	31.57%	21 S	5.26%	22.5 S	63.15%	13.5 S
2	12	31.57%	22 S	5.26%	22 S	63.15%	14 S
2	12.5	31.57%	23 S	5.26%	21.5 S	63.15%	14.5 S
2	13	31.57%	24 S	5.26%	21 S	63.15%	15 S
2	13.5	31.57%	25 S	5.26%	20.5 S	63.15%	15.5 S
2	14	31.57%	26 S	5.26%	20 S	63.15%	16 S
2	14.5	31.57%	27 S	5.26%	19.5 S	63.15%	16.5 S
2	15	31.57%	28 S	5.26%	19 S	63.15%	17 S
2	15.5	31.57%	29 S	5.26%	18.5 S	63.15%	17.5 S
2	16	31.57%	30 S	5.26%	18 S	63.15%	18 S
2	16.5	31.57%	31 S	5.26%	17.5 S	63.15%	18.5 S
2	17	31.57%	32 S	5.26%	17 S	63.15%	19 S
2	17.5	31.57%	33 S	5.26%	16.5 S	63.15%	19.5 S
2	18	31.57%	34 S	5.26%	16 S	63.15%	20 S
2	18.5	31.57%	35 S	5.26%	15.5 S	63.15%	20.5 S
2	19	31.57%	36 S	5.26%	15 S	63.15%	21 S
2	19.5	31.57%	37 S	5.26%	14.5 S	63.15%	21.5 S
2	20	31.57%	38 S	5.26%	14 S	63.15%	22 S
2	20.5	31.57%	39 S	5.26%	13.5 S	63.15%	22.5 S
2	21	31.57%	40 S	5.26%	13 S	63.15%	23 S
2	21.5	31.57%	41 S	5.26%	12.5 S	63.15%	23.5 S
2	22	31.57%	42 S	5.26%	12 S	63.15%	24 S
2	22.5	31.57%	43 S	5.26%	11.5 S	63.15%	24.5 S
2	23	31.57%	44 S	5.26%	11 S	63.15%	25 S
2	23.5	31.57%	45 S	5.26%	10.5 S	63.15%	25.5 S
2	24	31.57%	46 S	5.26%	10 S	63.15%	26 S
2	24.5	31.57%	47 S	5.26%	9.5 S	63.15%	26.5 S
2	25	31.57%	48 S	5.26%	9 S	63.15%	27 S
2	25.5	31.57%	49 S	5.26%	8.5 S	63.15%	27.5 S
2	26	31.57%	50 S	5.26%	8 S	63.15%	28 S
2	26.5	31.57%	51 S	5.26%	7.5 S	63.15%	28.5 S
2	27	31.57%	52 S	5.26%	7 S	63.15%	29 S
2	27.5	31.57%	53 S	5.26%	6.5 S	63.15%	29.5 S

n	c	Gana la apuesta en columna		Gana una apuesta en un número		No gana ninguna apuesta	
		Prob.	Utilidad	Prob.	Utilidad	Prob.	Pérdida
2	28	31.57%	54 S	5.26%	6 S	63.15%	30 S
2	28.5	31.57%	55 S	5.26%	5.5 S	63.15%	30.5 S
2	29	31.57%	56 S	5.26%	5 S	63.15%	31 S
2	29.5	31.57%	57 S	5.26%	4.5 S	63.15%	31.5 S
2	30	31.57%	58 S	5.26%	4 S	63.15%	32 S
2	30.5	31.57%	59 S	5.26%	3.5 S	63.15%	32.5 S
2	31	31.57%	60 S	5.26%	3 S	63.15%	33 S
2	31.5	31.57%	61 S	5.26%	2.5 S	63.15%	33.5 S
2	32	31.57%	62 S	5.26%	2 S	63.15%	34 S
2	32.5	31.57%	63 S	5.26%	1.5 S	63.15%	34.5 S
2	33	31.57%	64 S	5.26%	1 S	63.15%	35 S
2	33.5	31.57%	65 S	5.26%	0.5 S	63.15%	35.5 S
3	2	31.57%	1 S	7.89%	31 S	60.52%	5 S
3	2.5	31.57%	2 S	7.89%	30.5 S	60.52%	5.5 S
3	3	31.57%	3 S	7.89%	30 S	60.52%	6 S
3	3.5	31.57%	4 S	7.89%	29.5 S	60.52%	6.5 S
3	4	31.57%	5 S	7.89%	29 S	60.52%	7 S
3	4.5	31.57%	6 S	7.89%	28.5 S	60.52%	7.5 S
3	5	31.57%	7 S	7.89%	28 S	60.52%	8 S
3	5.5	31.57%	8 S	7.89%	27.5 S	60.52%	8.5 S
3	6	31.57%	9 S	7.89%	27 S	60.52%	9 S
3	6.5	31.57%	10 S	7.89%	26.5 S	60.52%	9.5 S
3	7	31.57%	11 S	7.89%	26 S	60.52%	10 S
3	7.5	31.57%	12 S	7.89%	25.5 S	60.52%	10.5 S
3	8	31.57%	13 S	7.89%	25 S	60.52%	11 S
3	8.5	31.57%	14 S	7.89%	24.5 S	60.52%	11.5 S
3	9	31.57%	15 S	7.89%	24 S	60.52%	12 S
3	9.5	31.57%	16 S	7.89%	23.5 S	60.52%	12.5 S
3	10	31.57%	17 S	7.89%	23 S	60.52%	13 S
3	10.5	31.57%	18 S	7.89%	22.5 S	60.52%	13.5 S
3	11	31.57%	19 S	7.89%	22 S	60.52%	14 S
3	11.5	31.57%	20 S	7.89%	21.5 S	60.52%	14.5
3	12	31.57%	21 S	7.89%	21 S	60.52%	15 S
3	12.5	31.57%	22 S	7.89%	20.5 S	60.52%	15.5 S
3	13	31.57%	23 S	7.89%	20 S	60.52%	16 S
3	13.5	31.57%	24 S	7.89%	19.5 S	60.52%	16.5 S
3	14	31.57%	25 S	7.89%	19 S	60.52%	17 S
3	14.5	31.57%	26 S	7.89%	18.5 S	60.52%	17.5 S
3	15	31.57%	27 S	7.89%	18 S	60.52%	18 S
3	15.5	31.57%	28 S	7.89%	17.5 S	60.52%	18.5 S

		Gana la apuesta en columna		Gana una apuesta en un número		No gana ninguna apuesta	
n	c	Prob.	Utilidad	Prob.	Utilidad	Prob.	Pérdida
3	16	31.57%	29 S	7.89%	17 S	60.52%	19 S
3	16.5	31.57%	30 S	7.89%	16.5 S	60.52%	19.5 S
3	17	31.57%	31 S	7.89%	16 S	60.52%	20 S
3	17.5	31.57%	32 S	7.89%	15.5 S	60.52%	20.5 S
3	18	31.57%	33 S	7.89%	15 S	60.52%	21 S
3	18.5	31.57%	34 S	7.89%	14.5 S	60.52%	21.5 S
3	19	31.57%	35 S	7.89%	14 S	60.52%	22 S
3	19.5	31.57%	36 S	7.89%	13.5 S	60.52%	22.5 S
3	20	31.57%	37 S	7.89%	13 S	60.52%	23 S
3	20.5	31.57%	38 S	7.89%	12.5 S	60.52%	23.5 S
3	21	31.57%	39 S	7.89%	12 S	60.52%	24 S
3	21.5	31.57%	40 S	7.89%	11.5 S	60.52%	24.5 S
3	22	31.57%	41 S	7.89%	11 S	60.52%	25 S
3	22.5	31.57%	42 S	7.89%	10.5 S	60.52%	25.5 S
3	23	31.57%	43 S	7.89%	10 S	60.52%	26 S
3	23.5	31.57%	44 S	7.89%	9.5 S	60.52%	26.5 S
3	24	31.57%	45 S	7.89%	9 S	60.52%	27 S
3	24.5	31.57%	46 S	7.89%	8.5 S	60.52%	27.5 S
3	25	31.57%	47 S	7.89%	8 S	60.52%	28 S
3	25.5	31.57%	48 S	7.89%	7.5 S	60.52%	28.5 S
3	26	31.57%	49 S	7.89%	7 S	60.52%	29 S
3	26.5	31.57%	50 S	7.89%	6.5 S	60.52%	29.5 S
3	27	31.57%	51 S	7.89%	6 S	60.52%	30 S
3	27.5	31.57%	52 S	7.89%	5.5 S	60.52%	30.5 S
3	28	31.57%	53 S	7.89%	5 S	60.52%	31 S
3	28.5	31.57%	54 S	7.89%	4.5 S	60.52%	31.5 S
3	29	31.57%	55 S	7.89%	4 S	60.52%	32 S
3	29.5	31.57%	56 S	7.89%	3.5 S	60.52%	32.5 S
3	30	31.57%	57 S	7.89%	3 S	60.52%	33 S
3	30.5	31.57%	58 S	7.89%	2.5 S	60.52%	33.5 S
3	31	31.57%	59 S	7.89%	2 S	60.52%	34 S
3	31.5	31.57%	60 S	7.89%	1.5 S	60.52%	34.5 S
3	32	31.57%	61 S	7.89%	1 S	60.52%	35 S
3	32.5	31.57%	62 S	7.89%	0.5 S	60.52%	35.5 S
4	2.5	31.57%	1 S	10.52%	29.5 S	57.89%	6.5 S
4	3	31.57%	2 S	10.52%	29 S	57.89%	7 S
4	3.5	31.57%	3 S	10.52%	28.5 S	57.89%	7.5 S
4	4	31.57%	4 S	10.52%	28 S	57.89%	8 S
4	4.5	31.57%	5 S	10.52%	27.5 S	57.89%	8.5 S
4	5	31.57%	6 S	10.52%	27 S	57.89%	9 S

		Gana la apuesta en columna		Gana una apuesta en un número		No gana ninguna apuesta	
n	c	Prob.	Utilidad	Prob.	Utilidad	Prob.	Pérdida
4	5.5	31.57%	7 S	10.52%	26.5 S	57.89%	9.5 S
4	6	31.57%	8 S	10.52%	26 S	57.89%	10 S
4	6.5	31.57%	9 S	10.52%	25.5 S	57.89%	10.5 S
4	7	31.57%	10 S	10.52%	25 S	57.89%	11 S
4	7.5	31.57%	11 S	10.52%	24.5 S	57.89%	11.5 S
4	8	31.57%	12 S	10.52%	24 S	57.89%	12 S
4	8.5	31.57%	13 S	10.52%	23.5 S	57.89%	12.5 S
4	9	31.57%	14 S	10.52%	23 S	57.89%	13 S
4	9.5	31.57%	15 S	10.52%	22.5 S	57.89%	13.5 S
4	10	31.57%	16 S	10.52%	22 S	57.89%	14 S
4	10.5	31.57%	17 S	10.52%	21.5 S	57.89%	14.5 S
4	11	31.57%	18 S	10.52%	21 S	57.89%	15 S
4	11.5	31.57%	19 S	10.52%	20.5 S	57.89%	15.5 S
4	12	31.57%	20 S	10.52%	20 S	57.89%	16 S
4	12.5	31.57%	21 S	10.52%	19.5 S	57.89%	16.5 S
4	13	31.57%	22 S	10.52%	19 S	57.89%	17 S
4	13.5	31.57%	23 S	10.52%	18.5 S	57.89%	17.5 S
4	14	31.57%	24 S	10.52%	18 S	57.89%	18 S
4	14.5	31.57%	25 S	10.52%	17.5 S	57.89%	18.5 S
4	15	31.57%	26 S	10.52%	17 S	57.89%	19 S
4	15.5	31.57%	27 S	10.52%	16.5 S	57.89%	19.5 S
4	16	31.57%	28 S	10.52%	16 S	57.89%	20 S
4	16.5	31.57%	29 S	10.52%	15.5 S	57.89%	20.5 S
4	17	31.57%	30 S	10.52%	15 S	57.89%	21 S
4	17.5	31.57%	31 S	10.52%	14.5 S	57.89%	21.5 S
4	18	31.57%	32 S	10.52%	14 S	57.89%	22 S
4	18.5	31.57%	33 S	10.52%	13.5 S	57.89%	22.5 S
4	19	31.57%	34 S	10.52%	13 S	57.89%	23 S
4	19.5	31.57%	35 S	10.52%	12.5 S	57.89%	23.5 S
4	20	31.57%	36 S	10.52%	12 S	57.89%	24 S
4	20.5	31.57%	37 S	10.52%	11.5 S	57.89%	24.5 S
4	21	31.57%	38 S	10.52%	11 S	57.89%	25 S
4	21.5	31.57%	39 S	10.52%	10.5 S	57.89%	25.5 S
4	22	31.57%	40 S	10.52%	10 S	57.89%	26 S
4	22.5	31.57%	41 S	10.52%	9.5 S	57.89%	26.5 S
4	23	31.57%	42 S	10.52%	9 S	57.89%	27 S
4	23.5	31.57%	43 S	10.52%	8.5 S	57.89%	27.5 S
4	24	31.57%	44 S	10.52%	8 S	57.89%	28 S
4	24.5	31.57%	45 S	10.52%	7.5 S	57.89%	28.5 S
4	25	31.57%	46 S	10.52%	7 S	57.89%	29 S

		Gana la apuesta en columna		Gana una apuesta en un número		No gana ninguna apuesta	
n	*c*	Prob.	Utilidad	Prob.	Utilidad	Prob.	Pérdida
4	25.5	31.57%	47 S	10.52%	6.5 S	57.89%	29.5 S
4	26	31.57%	48 S	10.52%	6 S	57.89%	30 S
4	26.5	31.57%	49 S	10.52%	5.5 S	57.89%	30.5 S
4	27	31.57%	50 S	10.52%	5 S	57.89%	31 S
4	27.5	31.57%	51 S	10.52%	4.5 S	57.89%	31.5 S
4	28	31.57%	52 S	10.52%	4 S	57.89%	32 S
4	28.5	31.57%	53 S	10.52%	3.5 S	57.89%	32.5 S
4	29	31.57%	54 S	10.52%	3 S	57.89%	33 S
4	29.5	31.57%	55 S	10.52%	2.5 S	57.89%	33.5 S
4	30	31.57%	56 S	10.52%	2 S	57.89%	34 S
4	30.5	31.57%	57 S	10.52%	1.5 S	57.89%	34.5 S
4	31	31.57%	58 S	10.52%	1 S	57.89%	35 S
4	31.5	31.57%	59 S	10.52%	0.5 S	57.89%	35.5 S
5	3	31.57%	1 S	13.15%	28 S	55.26%	8 S
5	3.5	31.57%	2 S	13.15%	27.5 S	55.26%	8.5 S
5	4	31.57%	3 S	13.15%	27 S	55.26%	9 S
5	4.5	31.57%	4 S	13.15%	26.5 S	55.26%	9.5 S
5	5	31.57%	5 S	13.15%	26 S	55.26%	10 S
5	5.5	31.57%	6 S	13.15%	25.5 S	55.26%	10.5 S
5	6	31.57%	7 S	13.15%	25 S	55.26%	11 S
5	6.5	31.57%	8 S	13.15%	24.5 S	55.26%	11.5 S
5	7	31.57%	9 S	13.15%	24 S	55.26%	12 S
5	7.5	31.57%	10 S	13.15%	23.5 S	55.26%	12.5 S
5	8	31.57%	11 S	13.15%	23 S	55.26%	13 S
5	8.5	31.57%	12 S	13.15%	22.5 S	55.26%	13.5 S
5	9	31.57%	13 S	13.15%	22 S	55.26%	14 S
5	9.5	31.57%	14 S	13.15%	21.5 S	55.26%	14.5 S
5	10	31.57%	15 S	13.15%	21 S	55.26%	15 S
5	10.5	31.57%	16 S	13.15%	20.5 S	55.26%	15.5 S
5	11	31.57%	17 S	13.15%	20 S	55.26%	16 S
5	11.5	31.57%	18 S	13.15%	19.5 S	55.26%	16.5 S
5	12	31.57%	19 S	13.15%	19 S	55.26%	17 S
5	12.5	31.57%	20 S	13.15%	18.5 S	55.26%	17.5 S
5	13	31.57%	21 S	13.15%	18 S	55.26%	18 S
5	13.5	31.57%	22 S	13.15%	17.5 S	55.26%	18.5 S
5	14	31.57%	23 S	13.15%	17 S	55.26%	19 S
5	14.5	31.57%	24 S	13.15%	16.5 S	55.26%	19.5 S
5	15	31.57%	25 S	13.15%	16 S	55.26%	20 S
5	15.5	31.57%	26 S	13.15%	15.5 S	55.26%	20.5 S
5	16	31.57%	27 S	13.15%	15 S	55.26%	21 S

		Gana la apuesta en columna		Gana una apuesta en un número		No gana ninguna apuesta	
n	c	Prob.	Utilidad	Prob.	Utilidad	Prob.	Pérdida
5	16.5	31.57%	28 S	13.15%	14.5 S	55.26%	21.5 S
5	17	31.57%	29 S	13.15%	14 S	55.26%	22 S
5	17.5	31.57%	30 S	13.15%	13.5 S	55.26%	22.5 S
5	18	31.57%	31 S	13.15%	13 S	55.26%	23 S
5	18.5	31.57%	32 S	13.15%	12.5 S	55.26%	23.5 S
5	19	31.57%	33 S	13.15%	12 S	55.26%	24 S
5	19.5	31.57%	34 S	13.15%	11.5 S	55.26%	24.5 S
5	20	31.57%	35 S	13.15%	11 S	55.26%	25 S
5	20.5	31.57%	36 S	13.15%	10.5 S	55.26%	25.5 S
5	21	31.57%	37 S	13.15%	10 S	55.26%	26 S
5	21.5	31.57%	38 S	13.15%	9.5 S	55.26%	26.5 S
5	22	31.57%	39 S	13.15%	9 S	55.26%	27 S
5	22.5	31.57%	40 S	13.15%	8.5 S	55.26%	27.5 S
5	23	31.57%	41 S	13.15%	8 S	55.26%	28 S
5	23.5	31.57%	42 S	13.15%	7.5 S	55.26%	28.5 S
5	24	31.57%	43 S	13.15%	7 S	55.26%	29 S
5	24.5	31.57%	44 S	13.15%	6.5 S	55.26%	29.5 S
5	25	31.57%	45 S	13.15%	6 S	55.26%	30 S
5	25.5	31.57%	46 S	13.15%	5.5 S	55.26%	30.5 S
5	26	31.57%	47 S	13.15%	5 S	55.26%	31 S
5	26.5	31.57%	48 S	13.15%	4.5 S	55.26%	31.5 S
5	27	31.57%	49 S	13.15%	4 S	55.26%	32 S
5	27.5	31.57%	50 S	13.15%	3.5 S	55.26%	32.5 S
5	28	31.57%	51 S	13.15%	3 S	55.26%	33 S
5	28.5	31.57%	52 S	13.15%	2.5 S	55.26%	33.5 S
5	29	31.57%	53 S	13.15%	2 S	55.26%	34 S
5	29.5	31.57%	54 S	13.15%	1.5 S	55.26%	34.5 S
5	30	31.57%	55 S	13.15%	1 S	55.26%	35 S
5	30.5	31.57%	56 S	13.15%	0.5 S	55.26%	35.5 S
6	3.5	31.57%	1 S	15.78%	26.5 S	52.63%	9.5 S
6	4	31.57%	2 S	15.78%	26 S	52.63%	10 S
6	4.5	31.57%	3 S	15.78%	25.5 S	52.63%	10.5 S
6	5	31.57%	4 S	15.78%	25 S	52.63%	11 S
6	5.5	31.57%	5 S	15.78%	24.5 S	52.63%	11.5 S
6	6	31.57%	6 S	15.78%	24 S	52.63%	12 S
6	6.5	31.57%	7 S	15.78%	23.5 S	52.63%	12.5 S
6	7	31.57%	8 S	15.78%	23 S	52.63%	13 S
6	7.5	31.57%	9 S	15.78%	22.5 S	52.63%	13.5 S
6	8	31.57%	10 S	15.78%	22 S	52.63%	14 S
6	8.5	31.57%	11 S	15.78%	21.5 S	52.63%	14.5 S

		Gana la apuesta en columna		Gana una apuesta en un número		No gana ninguna apuesta	
n	*c*	Prob.	Utilidad	Prob.	Utilidad	Prob.	Pérdida
6	9	31.57%	12 S	15.78%	21 S	52.63%	15 S
6	9.5	31.57%	13 S	15.78%	20.5 S	52.63%	15.5 S
6	10	31.57%	14 S	15.78%	20 S	52.63%	16 S
6	10.5	31.57%	15 S	15.78%	19.5 S	52.63%	16.5 S
6	11	31.57%	16 S	15.78%	19 S	52.63%	17 S
6	11.5	31.57%	17 S	15.78%	18.5 S	52.63%	17.5 S
6	12	31.57%	18 S	15.78%	18 S	52.63%	18 S
6	12.5	31.57%	19 S	15.78%	17.5 S	52.63%	18.5 S
6	13	31.57%	20 S	15.78%	17 S	52.63%	19 S
6	13.5	31.57%	21 S	15.78%	16.5 S	52.63%	19.5 S
6	14	31.57%	22 S	15.78%	16 S	52.63%	20 S
6	14.5	31.57%	23 S	15.78%	15.5 S	52.63%	20.5 S
6	15	31.57%	24 S	15.78%	15 S	52.63%	21 S
6	15.5	31.57%	25 S	15.78%	14.5 S	52.63%	21.5 S
6	16	31.57%	26 S	15.78%	14 S	52.63%	22 S
6	16.5	31.57%	27 S	15.78%	13.5 S	52.63%	22.5 S
6	17	31.57%	28 S	15.78%	13 S	52.63%	23 S
6	17.5	31.57%	29 S	15.78%	12.5 S	52.63%	23.5 S
6	18	31.57%	30 S	15.78%	12 S	52.63%	24 S
6	18.5	31.57%	31 S	15.78%	11.5 S	52.63%	24.5 S
6	19	31.57%	32 S	15.78%	11 S	52.63%	25 S
6	19.5	31.57%	33 S	15.78%	10.5 S	52.63%	25.5 S
6	20	31.57%	34 S	15.78%	10 S	52.63%	26 S
6	20.5	31.57%	35 S	15.78%	9.5 S	52.63%	26.5 S
6	21	31.57%	36 S	15.78%	9 S	52.63%	27 S
6	21.5	31.57%	37 S	15.78%	8.5 S	52.63%	27.5 S
6	22	31.57%	38 S	15.78%	8 S	52.63%	28 S
6	22.5	31.57%	39 S	15.78%	7.5 S	52.63%	28.5 S
6	23	31.57%	40 S	15.78%	7 S	52.63%	29 S
6	23.5	31.57%	41 S	15.78%	6.5 S	52.63%	29.5 S
6	24	31.57%	42 S	15.78%	6 S	52.63%	30 S
6	24.5	31.57%	43 S	15.78%	5.5 S	52.63%	30.5 S
6	25	31.57%	44 S	15.78%	5 S	52.63%	31 S
6	25.5	31.57%	45 S	15.78%	4.5 S	52.63%	31.5 S
6	26	31.57%	46 S	15.78%	4 S	52.63%	32 S
6	26.5	31.57%	47 S	15.78%	3.5 S	52.63%	32.5 S
6	27	31.57%	48 S	15.78%	3 S	52.63%	33 S
6	27.5	31.57%	49 S	15.78%	2.5 S	52.63%	33.5 S
6	28	31.57%	50 S	15.78%	2 S	52.63%	34 S
6	28.5	31.57%	51 S	15.78%	1.5 S	52.63%	34.5 S

		Gana la apuesta en columna		Gana una apuesta en un número		No gana ninguna apuesta	
n	c	Prob.	Utilidad	Prob.	Utilidad	Prob.	Pérdida
6	29	31.57%	52 S	15.78%	1 S	52.63%	35 S
6	29.5	31.57%	53 S	15.78%	0.5 S	52.63%	35.5 S
7	4	31.57%	1 S	18.42%	25 S	50%	11 S
7	4.5	31.57%	2 S	18.42%	24.5 S	50%	11.5 S
7	5	31.57%	3 S	18.42%	24 S	50%	12 S
7	5.5	31.57%	4 S	18.42%	23.5 S	50%	12.5 S
7	6	31.57%	5 S	18.42%	23 S	50%	13 S
7	6.5	31.57%	6 S	18.42%	22.5 S	50%	13.5 S
7	7	31.57%	7 S	18.42%	22 S	50%	14 S
7	7.5	31.57%	8 S	18.42%	21.5 S	50%	14.5 S
7	8	31.57%	9 S	18.42%	21 S	50%	15 S
7	8.5	31.57%	10 S	18.42%	20.5 S	50%	15.5 S
7	9	31.57%	11 S	18.42%	20 S	50%	16 S
7	9.5	31.57%	12 S	18.42%	19.5 S	50%	16.5 S
7	10	31.57%	13 S	18.42%	19 S	50%	17 S
7	10.5	31.57%	14 S	18.42%	18.5 S	50%	17.5 S
7	11	31.57%	15 S	18.42%	18 S	50%	18 S
7	11.5	31.57%	16 S	18.42%	17.5 S	50%	18.5 S
7	12	31.57%	17 S	18.42%	17 S	50%	19 S
7	12.5	31.57%	18 S	18.42%	16.5 S	50%	19.5 S
7	13	31.57%	19 S	18.42%	16 S	50%	20 S
7	13.5	31.57%	20 S	18.42%	15.5 S	50%	20.5 S
7	14	31.57%	21 S	18.42%	15 S	50%	21 S
7	14.5	31.57%	22 S	18.42%	14.5 S	50%	21.5 S
7	15	31.57%	23 S	18.42%	14 S	50%	22 S
7	15.5	31.57%	24 S	18.42%	13.5 S	50%	22.5 S
7	16	31.57%	25 S	18.42%	13 S	50%	23 S
7	16.5	31.57%	26 S	18.42%	12.5 S	50%	23.5 S
7	17	31.57%	27 S	18.42%	12 S	50%	24 S
7	17.5	31.57%	28 S	18.42%	11.5 S	50%	24.5 S
7	18	31.57%	29 S	18.42%	11 S	50%	25 S
7	18.5	31.57%	30 S	18.42%	10.5 S	50%	25.5 S
7	19	31.57%	31 S	18.42%	10 S	50%	26 S
7	19.5	31.57%	32 S	18.42%	9.5 S	50%	26.5 S
7	20	31.57%	33 S	18.42%	9 S	50%	27 S
7	20.5	31.57%	34 S	18.42%	8.5 S	50%	27.5 S
7	21	31.57%	35 S	18.42%	8 S	50%	28 S
7	21.5	31.57%	36 S	18.42%	7.5 S	50%	28.5 S
7	22	31.57%	37 S	18.42%	7 S	50%	29 S
7	22.5	31.57%	38 S	18.42%	6.5 S	50%	29.5 S

		Gana la apuesta en columna		Gana una apuesta en un número		No gana ninguna apuesta	
n	c	Prob.	Utilidad	Prob.	Utilidad	Prob.	Pérdida
7	23	31.57%	39 S	18.42%	6 S	50%	30 S
7	23.5	31.57%	40 S	18.42%	5.5 S	50%	30.5 S
7	24	31.57%	41 S	18.42%	5 S	50%	31 S
7	24.5	31.57%	42 S	18.42%	4.5 S	50%	31.5 S
7	25	31.57%	43 S	18.42%	4 S	50%	32 S
7	25.5	31.57%	44 S	18.42%	3.5 S	50%	32.5 S
7	26	31.57%	45 S	18.42%	3 S	50%	33 S
7	26.5	31.57%	46 S	18.42%	2.5 S	50%	33.5 S
7	27	31.57%	47 S	18.42%	2 S ·	50%	34 S
7	27.5	31.57%	48 S	18.42%	1.5 S	50%	34.5 S
7	28	31.57%	49 S	18.42%	1 S	50%	35 S
7	28.5	31.57%	50 S	18.42%	0.5 S	50%	35.5 S
8	4.5	31.57%	1 S	21.05%	23.5 S	47.36%	12.5 S
8	5	31.57%	2 S	21.05%	23 S	47.36%	13 S
8	5.5	31.57%	3 S	21.05%	22.5 S	47.36%	13.5 S
8	6	31.57%	4 S	21.05%	22 S	47.36%	14 S
8	6.5	31.57%	5 S	21.05%	21.5 S	47.36%	14.5 S
8	7	31.57%	6 S	21.05%	21 S	47.36%	15 S
8	7.5	31.57%	7 S	21.05%	20.5 S	47.36%	15.5 S
8	8	31.57%	8 S	21.05%	20 S	47.36%	16 S
8	8.5	31.57%	9 S	21.05%	19.5 S	47.36%	16.5 S
8	9	31.57%	10 S	21.05%	19 S	47.36%	17 S
8	9.5	31.57%	11 S	21.05%	18.5 S	47.36%	17.5 S
8	10	31.57%	12 S	21.05%	18 S	47.36%	18 S
8	10.5	31.57%	13 S	21.05%	17.5 S	47.36%	18.5 S
8	11	31.57%	14 S	21.05%	17 S	47.36%	19 S
8	11.5	31.57%	15 S	21.05%	16.5 S	47.36%	19.5 S
8	12	31.57%	16 S	21.05%	16 S	47.36%	20 S
8	12.5	31.57%	17 S	21.05%	15.5 S	47.36%	20.5 S
8	13	31.57%	18 S	21.05%	15 S	47.36%	21 S
8	13.5	31.57%	19 S	21.05%	14.5 S	47.36%	21.5 S
8	14	31.57%	20 S	21.05%	14 S	47.36%	22 S
8	14.5	31.57%	21 S	21.05%	13.5 S	47.36%	22.5 S
8	15	31.57%	22 S	21.05%	13 S	47.36%	23 S
8	15.5	31.57%	23 S	21.05%	12.5 S	47.36%	23.5 S
8	16	31.57%	24 S	21.05%	12 S	47.36%	24 S
8	16.5	31.57%	25 S	21.05%	11.5 S	47.36%	24.5 S
8	17	31.57%	26 S	21.05%	11 S	47.36%	25 S
8	17.5	31.57%	27 S	21.05%	10.5 S	47.36%	25.5 S
8	18	31.57%	28 S	21.05%	10 S	47.36%	26 S

n	c	Gana la apuesta en columna		Gana una puesta en un número		No gana ninguna apuesta	
		Prob.	Utilidad	Prob.	Utilidad	Prob.	Pérdida
8	18.5	31.57%	29 S	21.05%	9.5 S	47.36%	26.5 S
8	19	31.57%	30 S	21.05%	9 S	47.36%	27 S
8	19.5	31.57%	31 S	21.05%	8.5 S	47.36%	27.5 S
8	20	31.57%	32 S	21.05%	8 S	47.36%	28 S
8	20.5	31.57%	33 S	21.05%	7.5 S	47.36%	28.5 S
8	21	31.57%	34 S	21.05%	7 S	47.36%	29 S
8	21.5	31.57%	35 S	21.05%	6.5 S	47.36%	29.5 S
8	22	31.57%	36 S	21.05%	6 S	47.36%	30 S
8	22.5	31.57%	37 S	21.05%	5.5 S	47.36%	30.5 S
8	23	31.57%	38 S	21.05%	5 S	47.36%	31 S
8	23.5	31.57%	39 S	21.05%	4.5 S	47.36%	31.5 S
8	24	31.57%	40 S	21.05%	4 S	47.36%	32 S
8	24.5	31.57%	41 S	21.05%	3.5 S	47.36%	32.5 S
8	25	31.57%	42 S	21.05%	3 S	47.36%	33 S
8	25.5	31.57%	43 S	21.05%	2.5 S	47.36%	33.5 S
8	26	31.57%	44 S	21.05%	2 S	47.36%	34 S
8	26.5	31.57%	45 S	21.05%	1.5 S	47.36%	34.5 S
8	27	31.57%	46 S	21.05%	1 S	47.36%	35 S
8	27.5	31.57%	47 S	21.05%	0.5 S	47.36%	35.5 S
9	5	31.57%	1 S	23.68%	22 S	44.73%	14 S
9	5.5	31.57%	2 S	23.68%	21.5 S	44.73%	14.5 S
9	6	31.57%	3 S	23.68%	21 S	44.73%	15 S
9	6.5	31.57%	4 S	23.68%	20.5 S	44.73%	15.5 S
9	7	31.57%	5 S	23.68%	20 S	44.73%	16 S
9	7.5	31.57%	6 S	23.68%	19.5 S	44.73%	16.5 S
9	8	31.57%	7 S	23.68%	19 S	44.73%	17 S
9	8.5	31.57%	8 S	23.68%	18.5 S	44.73%	17.5 S
9	9	31.57%	9 S	23.68%	18 S	44.73%	18 S
9	9.5	31.57%	10 S	23.68%	17.5 S	44.73%	18.5 S
9	10	31.57%	11 S	23.68%	17 S	44.73%	19 S
9	10.5	31.57%	12 S	23.68%	16.5 S	44.73%	19.5 S
9	11	31.57%	13 S	23.68%	16 S	44.73%	20 S
9	11.5	31.57%	14 S	23.68%	15.5 S	44.73%	20.5 S
9	12	31.57%	15 S	23.68%	15 S	44.73%	21 S
9	12.5	31.57%	16 S	23.68%	14.5 S	44.73%	21.5 S
9	13	31.57%	17 S	23.68%	14 S	44.73%	22 S
9	13.5	31.57%	18 S	23.68%	13.5 S	44.73%	22.5 S
9	14	31.57%	19 S	23.68%	13 S	44.73%	23 S
9	14.5	31.57%	20 S	23.68%	12.5 S	44.73%	23.5 S
9	15	31.57%	21 S	23.68%	12 S	44.73%	24 S

		Gana la apuesta en columna		Gana una apuesta en un número		No gana ninguna apuesta	
n	c	Prob.	Utilidad	Prob.	Utilidad	Prob.	Pérdida
9	15.5	31.57%	22 S	23.68%	11.5 S	44.73%	24.5 S
9	16	31.57%	23 S	23.68%	11 S	44.73%	25 S
9	16.5	31.57%	24 S	23.68%	10.5 S	44.73%	25.5 S
9	17	31.57%	25 S	23.68%	10 S	44.73%	26 S
9	17.5	31.57%	26 S	23.68%	9.5 S	44.73%	26.5
9	18	31.57%	27 S	23.68%	9 S	44.73%	27 S
9	18.5	31.57%	28 S	23.68%	8.5 S	44.73%	27.5 S
9	19	31.57%	29 S	23.68%	8 S	44.73%	28 S
9	19.5	31.57%	30 S	23.68%	7.5 S	44.73%	28.5 S
9	20	31.57%	31 S	23.68%	7 S	44.73%	29 S
9	20.5	31.57%	32 S	23.68%	6.5 S	44.73%	29.5 S
9	21	31.57%	33 S	23.68%	6 S	44.73%	30 S
9	21.5	31.57%	34 S	23.68%	5.5 S	44.73%	30.5 S
9	22	31.57%	35 S	23.68%	5 S	44.73%	31 S
9	22.5	31.57%	36 S	23.68%	4.5 S	44.73%	31.5 S
9	23	31.57%	37 S	23.68%	4 S	44.73%	32 S
9	23.5	31.57%	38 S	23.68%	3.5 S	44.73%	32.5 S
9	24	31.57%	39 S	23.68%	3 S	44.73%	33 S
9	24.5	31.57%	40 S	23.68%	2.5 S	44.73%	33.5 S
9	25	31.57%	41 S	23.68%	2 S	44.73%	34 S
9	25.5	31.57%	42 S	23.68%	1.5 S	44.73%	34.5 S
9	26	31.57%	43 S	23.68%	1 S	44.73%	35 S
9	26.5	31.57%	44 S	23.68%	0.5 S	44.73%	35.5 S
10	5.5	31.57%	1 S	26.31%	20.5 S	42.10%	15.5 S
10	6	31.57%	2 S	26.31%	20 S	42.10%	16 S
10	6.5	31.57%	3 S	26.31%	19.5 S	42.10%	16.5 S
10	7	31.57%	4 S	26.31%	19 S	42.10%	17 S
10	7.5	31.57%	5 S	26.31%	18.5 S	42.10%	17.5 S
10	8	31.57%	6 S	26.31%	18 S	42.10%	18 S
10	8.5	31.57%	7 S	26.31%	17.5 S	42.10%	18.5 S
10	9	31.57%	8 S	26.31%	17 S	42.10%	19 S
10	9.5	31.57%	9 S	26.31%	16.5 S	42.10%	19.5 S
10	10	31.57%	10 S	26.31%	16 S	42.10%	20 S
10	10.5	31.57%	11 S	26.31%	15.5 S	42.10%	20.5 S
10	11	31.57%	12 S	26.31%	15 S	42.10%	21 S
10	11.5	31.57%	13 S	26.31%	14.5 S	42.10%	21.5 S
10	12	31.57%	14 S	26.31%	14 S	42.10%	22 S
10	12.5	31.57%	15 S	26.31%	13.5 S	42.10%	22.5 S
10	13	31.57%	16 S	26.31%	13 S	42.10%	23 S
10	13.5	31.57%	17 S	26.31%	12.5 S	42.10%	23.5 S

		Gana la apuesta en columna		Gana una apuesta en un número		No gana ninguna apuesta	
n	c	Prob.	Utilidad	Prob.	Utilidad	Prob.	Pérdida
10	14	31.57%	18 S	26.31%	12 S	42.10%	24 S
10	14.5	31.57%	19 S	26.31%	11.5 S	42.10%	24.5 S
10	15	31.57%	20 S	26.31%	11 S	42.10%	25 S
10	15.5	31.57%	21 S	26.31%	10.5 S	42.10%	25.5 S
10	16	31.57%	22 S	26.31%	10 S	42.10%	26 S
10	16.5	31.57%	23 S	26.31%	9.5 S	42.10%	26.5 S
10	17	31.57%	24 S	26.31%	9 S	42.10%	27 S
10	17.5	31.57%	25 S	26.31%	8.5 S	42.10%	27.5 S
10	18	31.57%	26 S	26.31%	8 S	42.10%	28 S
10	18.5	31.57%	27 S	26.31%	7.5 S	42.10%	28.5 S
10	19	31.57%	28 S	26.31%	7 S	42.10%	29 S
10	19.5	31.57%	29 S	26.31%	6.5 S	42.10%	29.5 S
10	20	31.57%	30 S	26.31%	6 S	42.10%	30 S
10	20.5	31.57%	31 S	26.31%	5.5 S	42.10%	30.5 S
10	21	31.57%	32 S	26.31%	5 S	42.10%	31 S
10	21.5	31.57%	33 S	26.31%	4.5 S	42.10%	31.5 S
10	22	31.57%	34 S	26.31%	4 S	42.10%	32 S
10	22.5	31.57%	35 S	26.31%	3.5 S	42.10%	32.5 S
10	23	31.57%	36 S	26.31%	3 S	42.10%	33 S
10	23.5	31.57%	37 S	26.31%	2.5 S	42.10%	33.5 S
10	24	31.57%	38 S	26.31%	2 S	42.10%	34 S
10	24.5	31.57%	39 S	26.31%	1.5 S	42.10%	34.5 S
10	25	31.57%	40 S	26.31%	1 S	42.10%	35 S
10	25.5	31.57%	41 S	26.31%	0.5 S	42.10%	35.5 S
11	6	31.57%	1 S	28.94%	19 S	39.47%	17 S
11	6.5	31.57%	2 S	28.94%	18.5 S	39.47%	17.5 S
11	7	31.57%	3 S	28.94%	18 S	39.47%	18 S
11	7.5	31.57%	4 S	28.94%	17.5 S	39.47%	18.5 S
11	8	31.57%	5 S	28.94%	17 S	39.47%	19 S
11	8.5	31.57%	6 S	28.94%	16.5 S	39.47%	19.5 S
11	9	31.57%	7 S	28.94%	16 S	39.47%	20 S
11	9.5	31.57%	8 S	28.94%	15.5 S	39.47%	20.5 S
11	10	31.57%	9 S	28.94%	15 S	39.47%	21 S
11	10.5	31.57%	10 S	28.94%	14.5 S	39.47%	21.5 S
11	11	31.57%	11 S	28.94%	14 S	39.47%	22 S
11	11.5	31.57%	12 S	28.94%	13.5 S	39.47%	22.5 S
11	12	31.57%	13 S	28.94%	13 S	39.47%	23 S
11	12.5	31.57%	14 S	28.94%	12.5 S	39.47%	23.5 S
11	13	31.57%	15 S	28.94%	12 S	39.47%	24 S
11	13.5	31.57%	16 S	28.94%	11.5 S	39.47%	24.5 S

		Gana la apuesta en columna		Gana una apuesta en un número		No gana ninguna apuesta	
n	c	Prob.	Utilidad	Prob.	Utilidad	Prob.	Pérdida
11	14	31.57%	17 S	28.94%	11 S	39.47%	25 S
11	14.5	31.57%	18 S	28.94%	10.5 S	39.47%	25.5 S
11	15	31.57%	19 S	28.94%	10 S	39.47%	26 S
11	15.5	31.57%	20 S	28.94%	9.5 S	39.47%	26.5 S
11	16	31.57%	21 S	28.94%	9 S	39.47%	27 S
11	16.5	31.57%	22 S	28.94%	8.5 S	39.47%	27.5 S
11	17	31.57%	23 S	28.94%	8 S	39.47%	28 S
11	17.5	31.57%	24 S	28.94%	7.5 S	39.47%	28.5 S
11	18	31.57%	25 S	28.94%	7 S	39.47%	29 S
11	18.5	31.57%	26 S	28.94%	6.5 S	39.47%	29.5 S
11	19	31.57%	27 S	28.94%	6 S	39.47%	30 S
11	19.5	31.57%	28 S	28.94%	5.5 S	39.47%	30.5 S
11	20	31.57%	29 S	28.94%	5 S	39.47%	31 S
11	20.5	31.57%	30 S	28.94%	4.5 S	39.47%	31.5 S
11	21	31.57%	31 S	28.94%	4 S	39.47%	32 S
11	21.5	31.57%	32 S	28.94%	3.5 S	39.47%	32.5 S
11	22	31.57%	33 S	28.94%	3 S	39.47%	33 S
11	22.5	31.57%	34 S	28.94%	2.5 S	39.47%	33.5 S
11	23	31.57%	35 S	28.94%	2 S	39.47%	34 S
11	23.5	31.57%	36 S	28.94%	1.5 S	39.47%	34.5 S
11	24	31.57%	37 S	28.94%	1 S	39.47%	35 S
11	24.5	31.57%	38 S	28.94%	0.5 S	39.47%	35.5 S
12	6.5	31.57%	1 S	31.57%	17.5 S	36.84%	18.5 S
12	7	31.57%	2 S	31.57%	17 S	36.84%	19 S
12	7.5	31.57%	3 S	31.57%	16.5 S	36.84%	19.5 S
12	8	31.57%	4 S	31.57%	16 S	36.84%	20 S
12	8.5	31.57%	5 S	31.57%	15.5 S	36.84%	20.5 S
12	9	31.57%	6 S	31.57%	15 S	36.84%	21 S
12	9.5	31.57%	7 S	31.57%	14.5 S	36.84%	21.5 S
12	10	31.57%	8 S	31.57%	14 S	36.84%	22 S
12	10.5	31.57%	9 S	31.57%	13.5 S	36.84%	22.5 S
12	11	31.57%	10 S	31.57%	13 S	36.84%	23 S
12	11.5	31.57%	11 S	31.57%	12.5 S	36.84%	23.5 S
12	12	31.57%	12 S	31.57%	12 S	36.84%	24 S
12	12.5	31.57%	13 S	31.57%	11.5 S	36.84%	24.5 S
12	13	31.57%	14 S	31.57%	11 S	36.84%	25 S
12	13.5	31.57%	15 S	31.57%	10.5 S	36.84%	25.5 S
12	14	31.57%	16 S	31.57%	10 S	36.84%	26 S
12	14.5	31.57%	17 S	31.57%	9.5 S	36.84%	26.5 S
12	15	31.57%	18 S	31.57%	9 S	36.84%	27 S

		Gana la apuesta en columna		Gana una apuesta en un número		No gana ninguna apuesta	
n	*c*	Prob.	Utilidad	Prob.	Utilidad	Prob.	Pérdida
12	15.5	31.57%	19 S	31.57%	8.5 S	36.84%	27.5 S
12	16	31.57%	20 S	31.57%	8 S	36.84%	28 S
12	16.5	31.57%	21 S	31.57%	7.5 S	36.84%	28.5 S
12	17	31.57%	22 S	31.57%	7 S	36.84%	29 S
12	17.5	31.57%	23 S	31.57%	6.5 S	36.84%	29.5 S
12	18	31.57%	24 S	31.57%	6 S	36.84%	30 S
12	18.5	31.57%	25 S	31.57%	5.5 S	36.84%	30.5 S
12	19	31.57%	26 S	31.57%	5 S	36.84%	31 S
12	19.5	31.57%	27 S	31.57%	4.5 S	36.84%	31.5 S
12	20	31.57%	28 S	31.57%	4 S	36.84%	32 S
12	20.5	31.57%	29 S	31.57%	3.5 S	36.84%	32.5 S
12	21	31.57%	30 S	31.57%	3 S	36.84%	33 S
12	21.5	31.57%	31 S	31.57%	2.5 S	36.84%	33.5 S
12	22	31.57%	32 S	31.57%	2 S	36.84%	34 S
12	22.5	31.57%	33 S	31.57%	1.5 S	36.84%	34.5 S
12	23	31.57%	34 S	31.57%	1 S	36.84%	35 S
12	23.5	31.57%	35 S	31.57%	0.5 S	36.84%	35.5 S
13	7	31.57%	1 S	34.21%	16 S	34.21%	20 S
13	7.5	31.57%	2 S	34.21%	15.5 S	34.21%	20.5 S
13	8	31.57%	3 S	34.21%	15 S	34.21%	21 S
13	8.5	31.57%	4 S	34.21%	14.5 S	34.21%	21.5 S
13	9	31.57%	5 S	34.21%	14 S	34.21%	22 S
13	9.5	31.57%	6 S	34.21%	13.5 S	34.21%	22.5 S
13	10	31.57%	7 S	34.21%	13 S	34.21%	23 S
13	10.5	31.57%	8 S	34.21%	12.5 S	34.21%	23.5 S
13	11	31.57%	9 S	34.21%	12 S	34.21%	24 S
13	11.5	31.57%	10 S	34.21%	11.5 S	34.21%	24.5 S
13	12	31.57%	11 S	34.21%	11 S	34.21%	25 S
13	12.5	31.57%	12 S	34.21%	10.5 S	34.21%	25.5 S
13	13	31.57%	13 S	34.21%	10 S	34.21%	26 S
13	13.5	31.57%	14 S	34.21%	9.5 S	34.21%	26.5 S
13	14	31.57%	15 S	34.21%	9 S	34.21%	27 S
13	14.5	31.57%	16 S	34.21%	8.5 S	34.21%	27.5 S
13	15	31.57%	17 S	34.21%	8 S	34.21%	28 S
13	15.5	31.57%	18 S	34.21%	7.5 S	34.21%	28.5 S
13	16	31.57%	19 S	34.21%	7 S	34.21%	29 S
13	16.5	31.57%	20 S	34.21%	6.5 S	34.21%	29.5 S
13	17	31.57%	21 S	34.21%	6 S	34.21%	30 S
13	17.5	31.57%	22 S	34.21%	5.5 S	34.21%	30.5 S
13	18	31.57%	23 S	34.21%	5 S	34.21%	31 S

		Gana la apuesta en columna		Gana una apuesta en un número		No gana ninguna apuesta	
n	c	Prob.	Utilidad	Prob.	Utilidad	Prob.	Pérdida
13	18.5	31.57%	24 S	34.21%	4.5 S	34.21%	31.5 S
13	19	31.57%	25 S	34.21%	4 S	34.21%	32 S
13	19.5	31.57%	26 S	34.21%	3.5 S	34.21%	32.5 S
13	20	31.57%	27 S	34.21%	3 S	34.21%	33 S
13	20.5	31.57%	28 S	34.21%	2.5 S	34.21%	33.5 S
13	21	31.57%	29 S	34.21%	2 S	34.21%	34 S
13	21.5	31.57%	30 S	34.21%	1.5 S	34.21%	34.5 S
13	22	31.57%	31 S	34.21%	1 S	34.21%	35 S
13	22.5	31.57%	32 S	34.21%	0.5 S	34.21%	35.5 S
14	7.5	31.57%	1 S	36.84%	14.5 S	31.57%	21.5 S
14	8	31.57%	2 S	36.84%	14 S	31.57%	22 S
14	8.5	31.57%	3 S	36.84%	13.5 S	31.57%	22.5 S
14	9	31.57%	4 S	36.84%	13 S	31.57%	23 S
14	9.5	31.57%	5 S	36.84%	12.5 S	31.57%	23.5 S
14	10	31.57%	6 S	36.84%	12 S	31.57%	24 S
14	10.5	31.57%	7 S	36.84%	11.5 S	31.57%	24.5 S
14	11	31.57%	8 S	36.84%	11 S	31.57%	25 S
14	11.5	31.57%	9 S	36.84%	10.5 S	31.57%	25.5 S
14	12	31.57%	10 S	36.84%	10 S	31.57%	26 S
14	12.5	31.57%	11 S	36.84%	9.5 S	31.57%	26.5 S
14	13	31.57%	12 S	36.84%	9 S	31.57%	27 S
14	13.5	31.57%	13 S	36.84%	8.5 S	31.57%	27.5 S
14	14	31.57%	14 S	36.84%	8 S	31.57%	28 S
14	14.5	31.57%	15 S	36.84%	7.5 S	31.57%	28.5 S
14	15	31.57%	16 S	36.84%	7 S	31.57%	29 S
14	15.5	31.57%	17 S	36.84%	6.5 S	31.57%	29.5 S
14	16	31.57%	18 S	36.84%	6 S	31.57%	30 S
14	16.5	31.57%	19 S	36.84%	5.5 S	31.57%	30.5 S
14	17	31.57%	20 S	36.84%	5 S	31.57%	31 S
14	17.5	31.57%	21 S	36.84%	4.5 S	31.57%	31.5 S
14	18	31.57%	22 S	36.84%	4 S	31.57%	32 S
14	18.5	31.57%	23 S	36.84%	3.5 S	31.57%	32.5 S
14	19	31.57%	24 S	36.84%	3 S	31.57%	33 S
14	19.5	31.57%	25 S	36.84%	2.5 S	31.57%	33.5 S
14	20	31.57%	26 S	36.84%	2 S	31.57%	34 S
14	20.5	31.57%	27 S	36.84%	1.5 S	31.57%	34.5 S
14	21	31.57%	28 S	36.84%	1 S	31.57%	35 S
14	21.5	31.57%	29 S	36.84%	0.5 S	31.57%	35.5 S
15	8	31.57%	1 S	39.47%	13 S	28.94%	23 S
15	8.5	31.57%	2 S	39.47%	12.5 S	28.94%	23.5 S

		Gana la apuesta en columna		Gana una apuesta en un número		No gana ninguna apuesta	
n	c	Prob.	Utilidad	Prob.	Utilidad	Prob.	Pérdida
15	9	31.57%	3 S	39.47%	12 S	28.94%	24 S
15	9.5	31.57%	4 S	39.47%	11.5 S	28.94%	24.5 S
15	10	31.57%	5 S	39.47%	11 S	28.94%	25 S
15	10.5	31.57%	6 S	39.47%	10.5 S	28.94%	25.5 S
15	11	31.57%	7 S	39.47%	10 S	28.94%	26 S
15	11.5	31.57%	8 S	39.47%	9.5 S	28.94%	26.5 S
15	12	31.57%	9 S	39.47%	9 S	28.94%	27 S
15	12.5	31.57%	10 S	39.47%	8.5 S	28.94%	27.5 S
15	13	31.57%	11 S	39.47%	8 S	28.94%	28 S
15	13.5	31.57%	12 S	39.47%	7.5 S	28.94%	28.5 S
15	14	31.57%	13 S	39.47%	7 S	28.94%	29 S
15	14.5	31.57%	14 S	39.47%	6.5 S	28.94%	29.5 S
15	15	31.57%	15 S	39.47%	6 S	28.94%	30 S
15	15.5	31.57%	16 S	39.47%	5.5 S	28.94%	30.5 S
15	16	31.57%	17 S	39.47%	5 S	28.94%	31 S
15	16.5	31.57%	18 S	39.47%	4.5 S	28.94%	31.5 S
15	17	31.57%	19 S	39.47%	4 S	28.94%	32 S
15	17.5	31.57%	20 S	39.47%	3.5 S	28.94%	32.5 S
15	18	31.57%	21 S	39.47%	3 S	28.94%	33 S
15	18.5	31.57%	22 S	39.47%	2.5 S	28.94%	33.5 S
15	19	31.57%	23 S	39.47%	2 S	28.94%	34 S
15	19.5	31.57%	24 S	39.47%	1.5 S	28.94%	34.5 S
15	20	31.57%	25 S	39.47%	1 S	28.94%	35 S
15	20.5	31.57%	26 S	39.47%	0.5 S	28.94%	35.5 S
16	8.5	31.57%	1 S	42.10%	11.5 S	26.31%	24.5 S
16	9	31.57%	2 S	42.10%	11 S	26.31%	25 S
16	9.5	31.57%	3 S	42.10%	10.5 S	26.31%	25.5 S
16	10	31.57%	4 S	42.10%	10 S	26.31%	26 S
16	10.5	31.57%	5 S	42.10%	9.5 S	26.31%	26.5 S
16	11	31.57%	6 S	42.10%	9 S	26.31%	27 S
16	11.5	31.57%	7 S	42.10%	8.5 S	26.31%	27.5 S
16	12	31.57%	8 S	42.10%	8 S	26.31%	28 S
16	12.5	31.57%	9 S	42.10%	7.5 S	26.31%	28.5 S
16	13	31.57%	10 S	42.10%	7 S	26.31%	29 S
16	13.5	31.57%	11 S	42.10%	6.5 S	26.31%	29.5 S
16	14	31.57%	12 S	42.10%	6 S	26.31%	30 S
16	14.5	31.57%	13 S	42.10%	5.5 S	26.31%	30.5 S
16	15	31.57%	14 S	42.10%	5 S	26.31%	31 S
16	15.5	31.57%	15 S	42.10%	4.5 S	26.31%	31.5 S
16	16	31.57%	16 S	42.10%	4 S	26.31%	32 S

		Gana la apuesta en columna		Gana una apuesta en un número		No gana ninguna apuesta	
n	c	Prob.	Utilidad	Prob.	Utilidad	Prob.	Pérdida
16	16.5	31.57%	17 S	42.10%	3.5 S	26.31%	32.5 S
16	17	31.57%	18 S	42.10%	3 S	26.31%	33 S
16	17.5	31.57%	19 S	42.10%	2.5 S	26.31%	33.5 S
16	18	31.57%	20 S	42.10%	2 S	26.31%	34 S
16	18.5	31.57%	21 S	42.10%	1.5 S	26.31%	34.5 S
16	19	31.57%	22 S	42.10%	1 S	26.31%	35 S
16	19.5	31.57%	23 S	42.10%	0.5 S	26.31%	35.5 S
17	9	31.57%	1 S	44.73%	10 S	23.68%	26 S
17	9.5	31.57%	2 S	44.73%	9.5 S	23.68%	26.5 S
17	10	31.57%	3 S	44.73%	9 S	23.68%	27 S
17	10.5	31.57%	4 S	44.73%	8.5 S	23.68%	27.5 S
17	11	31.57%	5 S	44.73%	8 S	23.68%	28 S
17	11.5	31.57%	6 S	44.73%	7.5 S	23.68%	28.5 S
17	12	31.57%	7 S	44.73%	7 S	23.68%	29 S
17	12.5	31.57%	8 S	44.73%	6.5 S	23.68%	29.5 S
17	13	31.57%	9 S	44.73%	6 S	23.68%	30 S
17	13.5	31.57%	10 S	44.73%	5.5 S	23.68%	30.5 S
17	14	31.57%	11 S	44.73%	5 S	23.68%	31 S
17	14.5	31.57%	12 S	44.73%	4.5 S	23.68%	31.5 S
17	15	31.57%	13 S	44.73%	4 S	23.68%	32 S
17	15.5	31.57%	14 S	44.73%	3.5 S	23.68%	32.5 S
17	16	31.57%	15 S	44.73%	3 S	23.68%	33 S
17	16.5	31.57%	16 S	44.73%	2.5 S	23.68%	33.5 S
17	17	31.57%	17 S	44.73%	2 S	23.68%	34 S
17	17.5	31.57%	18 S	44.73%	1.5 S	23.68%	34.5 S
17	18	31.57%	19 S	44.73%	1 S	23.68%	35 S
17	18.5	31.57%	20 S	44.73%	0.5 S	23.68%	35.5 S
18	9.5	31.57%	1 S	47.36%	8.5 S	21.05%	27.5 S
18	10	31.57%	2 S	47.36%	8 S	21.05%	28 S
18	10.5	31.57%	3 S	47.36%	7.5 S	21.05%	28.5 S
18	11	31.57%	4 S	47.36%	7 S	21.05%	29 S
18	11.5	31.57%	5 S	47.36%	6.5 S	21.05%	29.5 S
18	12	31.57%	6 S	47.36%	6 S	21.05%	30 S
18	12.5	31.57%	7 S	47.36%	5.5 S	21.05%	30.5 S
18	13	31.57%	8 S	47.36%	5 S	21.05%	31 S
18	13.5	31.57%	9 S	47.36%	4.5 S	21.05%	31.5 S
18	14	31.57%	10 S	47.36%	4 S	21.05%	32 S
18	14.5	31.57%	11 S	47.36%	3.5 S	21.05%	32.5 S
18	15	31.57%	12 S	47.36%	3 S	21.05%	33 S
18	15.5	31.57%	13 S	47.36%	2.5 S	21.05%	33.5 S

		Gana la apuesta en columna		Gana una apuesta en un número		No gana ninguna apuesta	
n	*c*	Prob.	Utilidad	Prob.	Utilidad	Prob.	Pérdida
18	16	31.57%	14 S	47.36%	2 S	21.05%	34 S
18	16.5	31.57%	15 S	47.36%	1.5 S	21.05%	34.5 S
18	17	31.57%	16 S	47.36%	1 S	21.05%	35 S
18	17.5	31.57%	17 S	47.36%	0.5 S	21.05%	35.5 S
19	10	31.57%	1 S	50%	7 S	18.42%	29 S
19	10.5	31.57%	2 S	50%	6.5 S	18.42%	29.5 S
19	11	31.57%	3 S	50%	6 S	18.42%	30 S
19	11.5	31.57%	4 S	50%	5.5 S	18.42%	30.5 S
19	12	31.57%	5 S	50%	5 S	18.42%	31 S
19	12.5	31.57%	6 S	50%	4.5 S	18.42%	31.5 S
19	13	31.57%	7 S	50%	4 S	18.42%	32 S
19	13.5	31.57%	8 S	50%	3.5 S	18.42%	32.5 S
19	14	31.57%	9 S	50%	3 S	18.42%	33 S
19	14.5	31.57%	10 S	50%	2.5 S	18.42%	33.5 S
19	15	31.57%	11 S	50%	2 S	18.42%	34 S
19	15.5	31.57%	12 S	50%	1.5 S	18.42%	34.5 S
19	16	31.57%	13 S	50%	1 S	18.42%	35 S
19	16.5	31.57%	14 S	50%	0.5 S	18.42%	35.5 S
20	10.5	31.57%	1 S	52.63%	5.5 S	15.78%	30.5 S
20	11	31.57%	2 S	52.63%	5 S	15.78%	31 S
20	11.5	31.57%	3 S	52.63%	4.5 S	15.78%	31.5 S
20	12	31.57%	4 S	52.63%	4 S	15.78%	32 S
20	12.5	31.57%	5 S	52.63%	3.5 S	15.78%	32.5 S
20	13	31.57%	6 S	52.63%	3 S	15.78%	33 S
20	13.5	31.57%	7 S	52.63%	2.5 S	15.78%	33.5 S
20	14	31.57%	8 S	52.63%	2 S	15.78%	34 S
20	14.5	31.57%	9 S	52.63%	1.5 S	15.78%	34.5 S
20	15	31.57%	10 S	52.63%	1 S	15.78%	35 S
20	15.5	31.57%	11 S	52.63%	0.5 S	15.78%	35.5 S
21	11	31.57%	1 S	55.26%	4 S	13.15%	32 S
21	11.5	31.57%	2 S	55.26%	3.5 S	13.15%	32.5 S
21	12	31.57%	3 S	55.26%	3 S	13.15%	33 S
21	12.5	31.57%	4 S	55.26%	2.5 S	13.15%	33.5 S
21	13	31.57%	5 S	55.26%	2 S	13.15%	34 S
21	13.5	31.57%	6 S	55.26%	1.5 S	13.15%	34.5 S
21	14	31.57%	7 S	55.26%	1 S	13.15%	35 S
21	14.5	31.57%	8 S	55.26%	0.5 S	13.15%	35.5 S
22	11.5	31.57%	1 S	57.89%	2.5 S	10.52%	33.5 S
22	12	31.57%	2 S	57.89%	2 S	10.52%	34 S
22	12.5	31.57%	3 S	57.89%	1.5 S	10.52%	34.5 S

		Gana la apuesta en columna		Gana una apuesta en un número		No gana ninguna apuesta	
n	c	Prob.	Utilidad	Prob.	Utilidad	Prob.	Pérdida
22	13	31.57%	4 S	57.89%	1 S	10.52%	35 S
22	13.5	31.57%	5 S	57.89%	0.5 S	10.52%	35.5 S
23	12	31.57%	1 S	60.52%	1 S	7.89%	35 S
23	12.5	31.57%	2 S	60.52%	0.5 S	7.89%	35.5 S

Se deben hacer los siguientes cambios cuando pasamos a la ruleta europea:
- la probabilidad de ganar la apuesta en columna será $12/37 = 32{,}43\%$;
- la probabilidad de ganar una apuesta en un número será $n/37$;
- la probabilidad de no ganar ninguna apuesta será $1 - 12/37 - n/37 = (25 - n)/37$.

Los montos de las columnas no tienen cambios.

Tomemos dos ejemplos de apuestas de las tablas anteriores.

1) $n = 19$, $c = 10$

La probabilidad de ganar la apuesta en columna es 31,57% y el gane correspondiente es S, la probabilidad de ganar una apuesta pleno es 50% y el gane correspondiente es $7S$, mientras que la probabilidad de perderlo todo es 18,42% y la pérdida correspondiente es $29S$.

Por lo tanto, tenemos una probabilidad global de ganar de 81,57%, que tiene una muy buena probabilidad de ganar una apuesta pleno (50%).

Este tipo de apuesta puede hacerse a largo o corto plazo, dependiendo del monto inicial que este a disposición del jugador (el monto total de apuesta todo a la vez es $29S$)

La expectativa matemática para una apuesta a largo plazo de este tipo es $M = 31{,}57\% \cdot S + 50\% \cdot 7S - 18{,}42\% \cdot 29S = -1{,}52S$

Para un monto de $1 de S, un jugador puede tener la expectativa de perder en promedio $1,52 por cada apuesta de $29 (en la ruleta americana, por supuesto).

2) $n = 7$, $c = 5$

La probabilidad de ganar la apuesta en columna es 31,57% y el gane correspondiente es $3S$, la probabilidad de ganar una apuesta pleno es 18,42% y el gane correspondiente es $24S$, mientras que la probabilidad de perderlo todo es 50% y la pérdida correspondiente es $12S$.

Por lo tanto, para una apuesta con un monto $12S$, tenemos un balance igual entre la probabilidad global de ganar y la probabilidad de perder (50%), con una probabilidad razonable de ganar una apuesta pleno (18,42%) y hacer una utilidad de $24S$.

Este tipo de apuesta puede hacerse ya sea a corto o mediano plazo.

La expectativa matemática para una apuesta a largo plazo de este tipo es $M = 31,57\% \cdot 3S + 18,42\% \cdot 24S - 50\% \cdot 12S = -0,63S$

Para un monto de \$1 de S, un jugador puede tener la expectativa de perder en promedio \$0,63 por cada apuesta de \$12.

Apostando en la tercera columna y en color negro

Esta apuesta compleja se deriva de la observación que la tercera columna contiene más números rojos que cualquiera de las otras dos (seis números rojos en la primera columna, cuatro números rojos en la segunda columna y ocho números rojos en la tercera columna).

Cuando se combina la apuesta en columna (en la tercera columna) con una apuesta en los colores negros, ampliamos la cubierta y implícitamente incrementamos la probabilidad de ganar.

Esta apuesta consiste de una apuesta en la tercera columna (paga 2 a 1) y una apuesta en el color negro (paga 1 a 1).

Estas son las denotaciones que utilizaremos: S es el monto de apuesta en la columna, cS es el monto de la apuesta en el color negro.

Los posibles sucesos después de girar la ruleta son: A – un número negro de la tercera columna aparece, B – un número rojo de la tercera columna aparece, C – un número negro externo a la tercera columna aparece y D – un número rojo externo a la tercera columna o el 0 ó 00 aparecen.

Estos sucesos son exhaustivos y mutuamente excluyentes, así que tenemos:

$$P(A \cup B \cup C \cup D) = P(A) + P(B) + P(C) + P(D) = 1$$

Ahora encontremos la probabilidad de cada suceso y la utilidad o pérdida en cada caso:

A. La probabilidad de que un número negro de la tercera columna gane es $P(A) = 4/38 = 2/19 = 10{,}52\%$.

En caso de que esto ocurra, el jugador gana $2S + cS = (2 + c)S$.

B. La probabilidad de que un número rojo de la tercera columna gane es $P(B) = 8/38 = 4/19 = 21{,}05\%$.

En caso de que esto ocurra, el jugador gana (o pierde) $2S - cS = (2 - c)S$.

C. La probabilidad de que un número negro de la tercera columna gane es $P(C) = 14/38 = 7/19 = 36,84\%$.

En caso de que esto ocurra, el jugador gana (o pierde) $cS - S = (c - 1)S$.

D. La probabilidad de que un número negro de la tercera columna o el 0 ó 00 aparezcan es $P(D) = 12/38 = 6/19 = 31,57\%$.

En caso de que esto ocurra, el jugador pierde $cS + S = (c + 1)S$.

Es natural poner la condición de una utilidad no negativa en ambos casos B y C, lo que resulta en:

$$\begin{cases} 2 - c \geq 0 \\ c - 1 \geq 0 \end{cases} \Leftrightarrow 1 \leq c \leq 2$$

Por lo tanto, el parámetro c esta limitado hasta el intervalo $[1, 2]$.

Estas fórmulas emiten las siguientes tablas de valores, en las que c tiene incrementos de 0,2.

S se deja como una variable para ser reemplazada por los jugadores con cualquier monto básico apostado de acuerdo con sus propios comportamientos y estrategias de apuesta.

Como en la sección previa, las tablas fueron diseñadas para la ruleta americana.

Observación:

Las misma fórmulas y tabla también son ciertas para las apuestas complejas que consisten de una apuesta en la segunda columna y una apuesta en el color rojo.

Esto ocurre porque las apuestas son equivalentes, respectivamente, si tienen los mismos montos apostados (la segunda columna tiene ocho números negros).

c	Número negro en tercera columna		Número rojo en tercera columna		Número negro externo a tercera columna		No gana ninguna apuesta	
	Prob.	Utilidad	Prob.	Utilidad	Prob.	Utilidad	Prob.	Pérdida
1	10.52%	3 S	21.05%	1 S	36.84%	0	31.57%	2 S
1.2	10.52%	3.2 S	21.05%	0.8 S	36.84%	0.2 S	31.57%	2.2 S
1.4	10.52%	3.4 S	21.05%	0.6 S	36.84%	0.4 S	31.57%	2.4 S
1.6	10.52%	3.6 S	21.05%	0.4 S	36.84%	0.6 S	31.57%	2.6 S
1.8	10.52%	3.8 S	21.05%	0.2 S	36.84%	0.8 S	31.57%	2.8 S
2	10.52%	4 S	21.05%	0	36.84%	1 S	31.57%	3 S

Para la ruleta europea, las probabilidades cambian a como siguen:
A: número negro en la tercera columna: $P(A) = 4/37 = 10,81\%$
B: número rojo en la tercera columna: $P(B) = 8/37 = 21,62\%$
C: número negro externo a la tercera columna: $P(C) = 14/37 = 37,83\%$
D: no gana ninguna apuesta: $P(D) = 11/37 = 29,73\%$.

Una primera observación en esta tabla es que en la mayoría de casos en que se gana, el índice de utilidad es bajo (0 a 1 vez *S*), así que los montos apostados deben ser lo suficientemente altos para poder hacer una buena utilidad en un tiempo razonable.

Pero el monto apostado no debería ser muy alto porque el índice de una pérdida eventual es igualmente más alto (2 a 3 veces *S*).

Aún así, la probabilidad global de ganar es 68,41% y la probabilidad de perder es dos veces menor (31,57%).

Todo esto hace que este tipo de apuesta sea apropiada para jugadores que tienen suficientes montos a su disposición a un mediano plazo.

La expectativa matemática para una apuesta a largo plazo de este tipo es:

$$M = \frac{2}{19}(2+c)S + \frac{4}{19}(2-c)S + \frac{7}{19}(c-1)S - \frac{6}{19}(c+1)S =$$

$$= -\frac{1}{19}(c+1)S$$

Como ejemplo, para $c = 1,2$, tenemos $M = -0,11S$.

Para un monto de $5 de *S*, se puede tener la expectativa de perder en promedio $0,55 por cada apuesta de $11.

Apostando en callejones y en el color opuesto predominante

Esta apuesta compleja se deriva de la observación de que cada callejón contiene dos números del mismo color y un número del color opuesto. De todos los 12 callejones, seis contienen dos números negros cada uno y los otros seis contienen dos números rojos cada uno. Al combinar algunas apuestas en callejón manteniendo un color predominando con una apuesta en el color opuesto, ampliamos la cubierta e implícitamente incrementamos la probabilidad de ganar. Podemos colocar apuestas en algunos de los seis callejones manteniendo dos números negros cada uno (que pagan 11 a 1) y una apuesta en el color rojo (que paga 1 a 1).

Las denotaciones que utilizaremos aquí son: n es el número de apuestas en callejón, S es el monto de la apuesta en un callejón y cS es el monto de apuesta en el color rojo. Tenemos $n \leq 6$.

Los posibles sucesos después de girar la ruleta son: A – un número rojo de un callejón elegido aparece, B – un número negro de un callejón elegido aparece, C – un número rojo externo a callejones elegidos aparece y D – un número negro externo a callejones elegidos o el 0 ó 00 aparecen.

Estos sucesos son exhaustivos y mutuamente excluyentes, así que $P(A \cup B \cup C \cup D) = P(A) + P(B) + P(C) + P(D) = 1$.

Encontremos la probabilidad de cada suceso y la utilidad o pérdida en cada caso:

A. La probabilidad de que un número rojo de n callejones aparezca es $P(A) = n/38$. En caso de que esto ocurra, el jugador gana $11S - (n-1)S + cS = (12 + c - n)S$ (esta expresión es siempre positiva, porque $n \leq 6$ y $c > 0$).

B. La probabilidad de que un número negro de n callejones aparezca es $P(B) = 2n/38 = n/19$. En caso de que esto ocurra, el jugador gana (o pierde) $11S - (n-1)S - cS = (12 - c - n)S$.

C. La probabilidad de que un número rojo externo a los *n* callejones aparezca es $P(C) = (18 - n)/38$. En caso de que esto ocurra, el jugador gana (o pierde) $cS - nS = (c - n)S$.

D. La probabilidad de que un número negro externo a los *n* callejones o el 0 ó 00 aparezcan es
$$P(D) = (20 - 2n)/38 = (10 - n)/19.$$
En caso de que esto ocurra, el jugador pierde $cS + nS = (c + n)S$.

Es natural poner la condición de una utilidad no negativa en todos los casos *A, B* y *C*. Hemos visto que la expresión de *A* es siempre positiva. Las restantes condiciones resultan en:
$$\begin{cases} 12 \geq c + n \\ c \geq n \end{cases} \Leftrightarrow n \leq c \leq 12 - n. \text{ Por consiguiente, tenemos:}$$

Si $n = 1$, entonces $1 \leq c \leq 11$.
Si $n = 2$, entonces $2 \leq c \leq 10$.
Si $n = 3$, entonces $3 \leq c \leq 9$.
Si $n = 4$, entonces $4 \leq c \leq 8$.
Si $n = 5$, entonces $5 \leq c \leq 7$.
Si $n = 6$, entonces $c = 6$.
Estas son las restricciones en los parámetros implicados.

Estas fórmulas emiten las siguientes tablas de valores, en las que *c* tiene incrementos de 0,5.
S se deja como una variable para ser reemplazada por los jugadores con cualquier monto básico apostado de acuerdo con sus propios comportamientos y estrategias de apuesta.
Como en la sección previa, las tablas fueron diseñadas para la ruleta americana.

Observación:
Las mismas fórmulas y tablas también son ciertas para las apuestas complejas que consisten de una apuesta en algunos de los seis callejones manteniendo dos números rojos y una apuesta en el color negro.
Esto ocurre porque las apuestas son equivalentes, respectivamente, si tienen los mismos montos apostados.

		Número rojo en uno de los n callejones		Número negro en uno de los n callejones		Número rojo externo a los n callejones		No gana ninguna apuesta	
n	c	Prob.	Utilidad	Prob.	Utilidad	Prob.	Utilidad	Prob.	Pérdida
1	1	2.63%	12 S	5.26%	10 S	44.73%	0	47.36%	2 S
1	1.5	2.63%	12.5 S	5.26%	9.5 S	44.73%	0.5 S	47.36%	2.5 S
1	2	2.63%	13 S	5.26%	9 S	44.73%	1 S	47.36%	3 S
1	2.5	2.63%	13.5 S	5.26%	8.5 S	44.73%	1.5 S	47.36%	3.5 S
1	3	2.63%	14 S	5.26%	8 S	44.73%	2 S	47.36%	4 S
1	3.5	2.63%	14.5 S	5.26%	7.5 S	44.73%	2.5 S	47.36%	4.5 S
1	4	2.63%	15 S	5.26%	7 S	44.73%	3 S	47.36%	5 S
1	4.5	2.63%	15.5 S	5.26%	6.5 S	44.73%	3.5 S	47.36%	5.5 S
1	5	2.63%	16 S	5.26%	6 S	44.73%	4 S	47.36%	6 S
1	5.5	2.63%	16.5 S	5.26%	5.5 S	44.73%	4.5 S	47.36%	6.5 S
1	6	2.63%	17 S	5.26%	5 S	44.73%	5 S	47.36%	7 S

		Número rojo en uno de los n callejones		Número negro en uno de los n callejones		Número rojo externo a los n callejones		No gana ninguna apuesta	
n	c	Prob.	Utilidad	Prob.	Utilidad	Prob.	Utilidad	Prob.	Pérdida
1	6.5	2.63%	17.5 S	5.26%	4.5 S	44.73%	5.5 S	47.36%	7.5 S
1	7	2.63%	18 S	5.26%	4 S	44.73%	6 S	47.36%	8 S
1	7.5	2.63%	18.5 S	5.26%	3.5 S	44.73%	6.5 S	47.36%	8.5 S
1	8	2.63%	19 S	5.26%	3 S	44.73%	7 S	47.36%	9 S
1	8.5	2.63%	19.5 S	5.26%	2.5 S	44.73%	7.5 S	47.36%	9.5 S
1	9	2.63%	20 S	5.26%	2 S	44.73%	8 S	47.36%	10 S
1	9.5	2.63%	20.5 S	5.26%	1.5 S	44.73%	8.5 S	47.36%	10.5 S
1	10	2.63%	21 S	5.26%	1 S	44.73%	9 S	47.36%	11 S
1	10.5	2.63%	21.5 S	5.26%	0.5 S	44.73%	9.5 S	47.36%	11.5 S
1	11	2.63%	22 S	5.26%	0	44.73%	10 S	47.36%	12 S
2	2	5.26%	12 S	10.52%	8 S	42.10%	0	42.10%	4 S

n	c	Número rojo en uno de los n callejones		Número negro en uno de los n callejones		Número rojo externo a los n callejones		No gana ninguna apuesta	
		Prob.	Utilidad	Prob.	Utilidad	Prob.	Utilidad	Prob.	Pérdida
2	2.5	5.26%	12.5 S	10.52%	7.5 S	42.10%	0.5 S	42.10%	4.5 S
2	3	5.26%	13 S	10.52%	7 S	42.10%	1 S	42.10%	5 S
2	3.5	5.26%	13.5 S	10.52%	6.5 S	42.10%	1.5 S	42.10%	5.5 S
2	4	5.26%	14 S	10.52%	6 S	42.10%	2 S	42.10%	6 S
2	4.5	5.26%	14.5 S	10.52%	5.5 S	42.10%	2.5 S	42.10%	6.5 S
2	5	5.26%	15 S	10.52%	5 S	42.10%	3 S	42.10%	7 S
2	5.5	5.26%	15.5 S	10.52%	4.5 S	42.10%	3.5 S	42.10%	7.5 S
2	6	5.26%	16 S	10.52%	4 S	42.10%	4 S	42.10%	8 S
2	6.5	5.26%	16.5 S	10.52%	3.5 S	42.10%	4.5 S	42.10%	8.5 S
2	7	5.26%	17 S	10.52%	3 S	42.10%	5 S	42.10%	9 S
2	7.5	5.26%	17.5 S	10.52%	2.5 S	42.10%	5.5 S	42.10%	9.5 S

		Número rojo en uno de los n callejones		Número negro en uno de los n callejones		Número rojo externo a los n callejones		No gana ninguna apuesta	
n	c	Prob.	Utilidad	Prob.	Utilidad	Prob.	Utilidad	Prob.	Pérdida
2	8	5.26%	18 S	10.52%	2 S	42.10%	6 S	42.10%	10 S
2	8.5	5.26%	18.5 S	10.52%	1.5 S	42.10%	6.5 S	42.10%	10.5 S
2	9	5.26%	19 S	10.52%	1 S	42.10%	7 S	42.10%	11 S
2	9.5	5.26%	19.5 S	10.52%	0.5 S	42.10%	7.5 S	42.10%	11.5 S
2	10	5.26%	20 S	10.52%	0	42.10%	8 S	42.10%	12 S
3	**3**	7.89%	12S	15.78%	6 S	39.47%	0	36.84%	6 S
3	3.5	7.89%	12.5 S	15.78%	5.5 S	39.47%	0.5 S	36.84%	6.5 S
3	4	7.89%	13 S	15.78%	5 S	39.47%	1 S	36.84%	7 S
3	4.5	7.89%	13.5 S	15.78%	4.5 S	39.47%	1.5 S	36.84%	7.5 S
3	5	7.89%	14 S	15.78%	4 S	39.47%	2 S	36.84%	8 S
3	5.5	7.89%	14.5 S	15.78%	3.5 S	39.47%	2.5 S	36.84%	8.5 S

116

n	c	Número rojo en uno de los n callejones		Número negro en uno de los n callejones		Número rojo externo a los n callejones		No gana ninguna apuesta	
		Prob.	Utilidad	Prob.	Utilidad	Prob.	Utilidad	Prob.	Pérdida
3	6	7.89%	15 S	15.78%	3 S	39.47%	3 S	36.84%	9 S
3	6.5	7.89%	15.5 S	15.78%	2.5 S	39.47%	3.5 S	36.84%	9.5 S
3	7	7.89%	16 S	15.78%	2 S	39.47%	4 S	36.84%	10 S
3	7.5	7.89%	16.5 S	15.78%	1.5 S	39.47%	4.5 S	36.84%	10.5 S
3	8	7.89%	17 S	15.78%	1 S	39.47%	5 S	36.84%	11 S
3	8.5	7.89%	17.5 S	15.78%	0.5 S	39.47%	5.5 S	36.84%	11.5 S
3	9	7.89%	18 S	15.78%	0	39.47%	6 S	36.84%	12 S
4	4	10.52%	12 S	21.05%	4 S	36.84%	0	31.57%	8 S
4	4.5	10.52%	12.5 S	21.05%	3.5 S	36.84%	0.5 S	31.57%	8.5 S
4	5	10.52%	13 S	21.05%	3 S	36.84%	1 S	31.57%	9 S
4	5.5	10.52%	13.5 S	21.05%	2.5 S	36.84%	1.5 S	31.57%	9.5 S

n	c	Número rojo en uno de los n callejones		Número negro en uno de los n callejones		Número rojo externo a los n callejones		No gana ninguna apuesta	
		Prob.	Utilidad	Prob.	Utilidad	Prob.	Utilidad	Prob.	Pérdida
4	6	10.52%	14 S	21.05%	2 S	36.84%	2 S	31.57%	10 S
4	6.5	10.52%	14.5 S	21.05%	1.5 S	36.84%	2.5 S	31.57%	10.5 S
4	7	10.52%	15 S	21.05%	1 S	36.84%	3 S	31.57%	11 S
4	7.5	10.52%	15.5 S	21.05%	0.5 S	36.84%	3.5 S	31.57%	11.5 S
4	8	10.52%	16 S	21.05%	0	36.84%	4 S	31.57%	12 S
5	5	13.15%	12 S	26.31%	2 S	34.21%	0	26.31%	10 S
5	5.5	13.15%	12.5 S	26.31%	1.5 S	34.21%	0.5 S	26.31%	10.5 S
5	6	13.15%	13 S	26.31%	1 S	34.21%	1 S	26.31%	11 S
5	6.5	13.15%	13.5 S	26.31%	0.5 S	34.21%	1.5 S	26.31%	11.5 S
5	7	13.15%	14 S	26.31%	0	34.21%	2 S	26.31%	12 S
6	6	15.78%	12 S	31.57%	0	31.57%	0	21.05%	12 S

Para la ruleta europea, las probabilidades cambian a como siguen:

A: número rojo en uno de los n callejones: $P(A) = n/37$

B: número negro en uno de los n callejones: $P(B) = 2n/37$

C: número rojo externo a los n callejones: $P(C) = (18 - n)/37$

D: no gana ninguna apuesta: $P(D) = (20 - 2n)/37$

Observe que la probabilidad de perder varía de 47,36% para $n = 1$ hasta 21,05% para $n = 6$.

Pero si elegimos apostar con la mínima probabilidad de perder (según la última fila de la tabla anterior), debemos estar conscientes que el monto máximo probable de ganar (63,14%) será cero (no gana, ni pierde).

La posibilidad de pérdida es $12S$ con la probabilidad de 21,05%, lo cual es más alto que la probabilidad de ganar el mismo monto (15,78%).

Esta apuesta no es apropiada para montos altos de S.

La expectativa matemática para una apuesta a largo plazo de este tipo es $M = 15,78\% \cdot 12S - 21,05\% \cdot 12S = -0,63S$.

Para un monto de $2 de S, ser puede tener la expectativa de perder un promedio de $1,22 por cada apuesta de $14.

Vamos ahora a la primera columna de la tabla, para $n = 1, c = 1$.

Hemos visto que la probabilidad global de ganar buenas utilidades ($10S$ o $12S$) es casi 8%, la probabilidad de no perder y no ganar (utilidad cero) es 44,73% y la posible pérdida es $2S$, con una probabilidad de 47,36%.

Esta apuesta puede ser una opción para valores medios de S, a mediano plazo.

La expectativa matemática para una apuesta a largo plazo de este tipo es $M = 2,63\% \cdot 12S + 5,26\% \cdot 10S - 47,36\% \cdot 2S = -0,10S$.

Para un monto de $5 de S, se puede tener la expectativa de perder un promedio de $0,5 por cada apuesta de $10.

Tomemos también la fila de en medio: $n = 3, c = 7$.

Tenemos una buena utilidad ($16S$) con casi un 8% de probabilidad, una utilidad $4S$ con casi un 40% de probabilidad y una utilidad de $2S$ con casi un 16% de probabilidad.

La probabilidad global de ganar es 63,13%, que es muy buena.

Pero la posibilidad de perder es también alta: $10S$ (con casi un 37% de probabilidad).

Esta apuesta puede funcionar con pequeños o medianos montos de S en cortos y medianos plazos.

La expectativa matemática para una apuesta a largo plazo de este tipo es

$$M = 7,88\% \cdot 16S + 15,78\% \cdot 2S + 39,47\% \cdot 4S - 36,84\% \cdot 10S =$$
$$= -0,52S.$$

Para un monto de \$1 de S, se puede tener la expectativa de perder en promedio \$0,52 por cada apuesta de \$10.

Apostando en esquinas y en el color opuesto predominante

Esta apuesta compleja se deriva de la observación que hay algunas esquinas que cuando se unen tienen tres números negros y uno rojo cada una. Estas son las esquinas que se unen con los siguientes grupos de números: (7, 8, 10, 11), (10, 11, 13, 14), (25, 26, 28, 29) y (28, 29, 31, 32).

Observe que los conjuntos no son mutuamente excluyentes. Podemos extraer de ellos un máximo de dos conjuntos excluyentes; por ejemplo (7, 8, 10, 11) y (25, 26, 28, 29).

Dos de dichas esquinas contienen seis números negros y dos rojos.

Cuando se apuesta en estas dos esquinas (pagan 8 a 1) y en el color rojo (paga 1 a 1), ampliamos la cubierta e implícitamente incrementamos la probabilidad de ganar.

Estas son las denotaciones que utilizaremos: S es el monto de la apuesta en una esquina y cS es el monto de la apuesta en el color rojo. Los posibles sucesos después de girar la ruleta son: A – un número rojo de las esquinas elegidas aparece, B – un número negro de las esquinas elegidas aparece, C – un número rojo externo a las esquinas elegidas aparece y D – un número negro externo a las esquinas elegidas; el 0 ó 00 aparecen.

Estos sucesos son exhaustivos y mutuamente excluyentes, así que:

$$P(A \cup B \cup C \cup D) = P(A) + P(B) + P(C) + P(D) = 1$$

Encontremos la probabilidad de cada suceso y la utilidad o pérdida en cada caso:

A. La probabilidad de que un número rojo de las dos esquinas aparezca es $P(A) = 2/38 = 1/19$.

En caso de que esto ocurra, el jugador gana $8S + cS - S = (7 + c)S$.

B. La probabilidad de que un número negro de las dos esquinas aparezca es $P(B) = 6/38 = 3/19$.

En caso de que esto ocurra, el jugador gana (o pierde) $8S - cS - S = (7 - c)S$.

C. La probabilidad de que un número rojo externo a las dos esquinas aparezca es $P(C) = 16/38 = 8/19$.

En caso de que esto ocurra, el jugador gana (o pierde) $cS - 2S = (c - 2)S$.

D. La probabilidad de que un número negro de las dos esquinas, un 0 ó 00 aparezcan es $P(D) = 14/38 = 7/19$.

En caso de que esto ocurra, el jugador pierde $2S + cS = (2 + c)S$.

Bajo la condición de una utilidad no negativa en los casos *B* y *C*, las restricciones en c son:

$$\begin{cases} 7 - c \geq 0 \\ c - 2 \geq 0 \end{cases} \Leftrightarrow 2 \leq c \leq 7$$

S se deja como una variable para ser reemplazada por los jugadores con cualquier monto básico apostado de acuerdo con sus propios comportamientos y estrategias de apuesta.

Como en la sección previa, las tablas fueron diseñadas para la ruleta americana.

c	Número rojo en una de las dos esquinas		Número negro en una de las dos esquinas		Número rojo externo a las dos esquinas		No ganar ninguna apuesta	
	Prob.	Utilidad	Prob.	Utilidad	Prob.	Utilidad	Prob.	Pérdida
2	5.26%	9 S	15.78%	5 S	42.10%	0	36.84%	4 S
2.5	5.26%	9.5 S	15.78%	4.5 S	42.10%	0.5 S	36.84	4.5 S
3	5.26%	10 S	15.78%	4 S	42.10%	1 S	36.84	5 S
3.5	5.26%	10.5 S	15.78%	3.5 S	42.10%	1.5 S	36.84	5.5 S
4	5.26%	11 S	15.78%	3 S	42.10%	2 S	36.84	6 S
4.5	5.26%	11.5 S	15.78%	2.5 S	42.10%	2.5 S	36.84	6.5 S
5	5.26%	12 S	15.78%	2 S	42.10%	3 S	36.84	7 S
5.5	5.26%	12.5 S	15.78%	1.5 S	42.10%	3.5 S	36.84	7.5 S
6	5.26%	13 S	15.78%	1 S	42.10%	4 S	36.84	8 S
6.5	5.26%	13.5 S	15.78%	0.5 S	42.10%	4.5 S	36.84	8.5 S
7	5.26%	14 S	15.78%	0	42.10%	5 S	36.84	9 S

Para la ruleta europea, las probabilidades cambian a como siguen:

A: el número rojo en una de las dos esquinas: $P(A) = 2/37 = 5,40\%$

B: el número negro en una de las dos esquinas: $P(B) = 6/37 = 16,21\%$

C: el número rojo externo a una de las dos esquinas: $P(C) = 16/37 = 43,24\%$

D: no gana ninguna apuesta: $P(D) = 13/37 = 35,13\%$

Debido a que las mismas probabilidades aplican para los sucesos anotados, escoger un valor para *c* es sólo un asunto de manejo de dinero. Si un jugador tiene montos disponibles bajos, el jugador puede elegir reducir *c* y así mismo la pérdida eventual, la cual comienza desde 4*S* (en la primera fila de la tabla).

En este caso, la probabilidad total de ganar es cerca de 21% (con utilidades de 9*S* o 5*S*), 42,10% es la probabilidad de alcanzar cero utilidad (sin pérdida) y 36,84% es la probabilidad de perder (4*S*).

Aún si la probabilidad de perder es más alta que la probabilidad de ganar, cada una de las posibles utilidades es más alta que la posible pérdida, así que esta apuesta puede funcionar en un corto o mediano plazo.

La expectativa matemática para una apuesta a largo plazo de este tipo es $M = 5,26\% \cdot 9S + 15,78\% \cdot 5S - 36,84\% \cdot 4S = -0,21S$.

Para un monto de \$1 de *S*, se puede tener la expectativa de perder en promedio \$0,21 por cada apuesta de \$4.

Cuando se apuesta con los números en la última fila, tenemos una buena probabilidad global de ganar (47,36%), una probabilidad de 15,78% para una utilidad cero y el mismo 36,84% de probabilidad de perder. La máxima utilidad es 14S (pero solo con un 5,26% de probabilidad) y la máxima utilidad probable es 5*S*.

El mayor riesgo está en la pérdida eventual, la que es muy alta (9*S*). La apuesta es apropiada a cortos plazos y montos altos a disposición del jugador.

La expectativa matemática para una apuesta a largo plazo de este tipo es $M = 5,26\% \cdot 14S + 42,10\% \cdot 5S - 36,84\% \cdot 9S = -0,47S$.

Para un monto de \$2 de *S*, se puede tener la expectativa de perder en promedio \$0,94 por cada apuesta de \$21.

Apostando en líneas y en el color opuesto predominante

Esta apuesta compleja se deriva de la observación que hay algunas líneas (dos callejones adyacentes) que contienen cuatro números negros y dos números rojos cada una.

Hay líneas que contienen el grupo de números (10, 11, 12, 13, 14, 15) y (28, 29, 30, 31, 32, 33). Estos conjuntos son excluyentes.

Cuando se apuesta en estas dos líneas (pagan 5 a 1) y en el color rojo (paga 1 a 1), ampliamos la cubierta e implícitamente incrementamos la probabilidad de ganar.

Estas son las denotaciones que utilizaremos: S es el monto de apuesta en una línea, cS es el monto de la apuesta en el color rojo.

Los posibles sucesos después de girar la ruleta son: A – un número rojo de las líneas elegidas aparece, B – un número negro de las líneas elegidas aparece, C – un número rojo externo a las líneas elegidas aparece y D – un número rojo externo a las líneas elegidas, el 0 ó 00 aparecen.

Estos sucesos son exhaustivos y mutuamente excluyentes, así que tenemos:

$$P(A \cup B \cup C \cup D) = P(A) + P(B) + P(C) + P(D) = 1$$

Encontremos la probabilidad de cada suceso y la utilidad o pérdida en cada caso:

A. La probabilidad de que un número rojo de las dos líneas aparezca es $P(A) = 4/38 = 2/19$.

En caso de que esto ocurra, el jugador gana
$5S + cS - S = (4 + c)S$.

B. La probabilidad de que un número negro de las dos líneas aparezca es $P(B) = 8/38 = 4/19$.

En caso de que esto ocurra, el jugador gana (o pierde)
$5S - cS - S = (4 - c)S$.

C. La probabilidad de que un número rojo externo a las dos líneas aparezca es $P(C) = 14/38 = 7/19$.

En caso de que esto ocurra, el jugador gana (o pierde) $cS - 2S = (c - 2)S$.

D. La probabilidad de que un número negro externo a las dos líneas, un 0 ó 00 aparezcan es $P(D) = 12/38 = 6/19$.

En caso de que esto ocurra, el jugador pierde $2S + cS = (2 + c)S$.

Bajo la condición de una utilidad no negativa en los casos *B* y *C*, las restricciones en *c* son:

$$\begin{cases} 4 - c \geq 0 \\ c - 2 \geq 0 \end{cases} \Leftrightarrow 2 \leq c \leq 4$$

Estas fórmulas emiten las siguientes tablas de valores, en las que *c* tiene incrementos de 0,5.

S se deja como una variable para ser reemplazada por los jugadores con cualquier monto básico apostado de acuerdo con sus propios comportamientos y estrategias de apuesta.

Como en la sección previa, las tablas fueron diseñadas para la ruleta americana.

Para la ruleta europea, las probabilidades cambian a como siguen:

A: el número rojo en una de las dos líneas: $P(A) = 4/37 = 10,81\%$

B: el número negro en una de las dos líneas: $P(B) = 8/37 = 21,62\%$

C: el número rojo externo a una de las dos líneas: $P(C) = 14/37 = 37,83\%$

D: no gana ninguna apuesta: $P(D) = 11/37 = 29,72\%$

c	Número rojo en una de las dos líneas		Número negro en uno de los dos líneas		Número rojo externo a las dos líneas		No gana ninguna apuesta	
	Prob.	Utilidad	Prob.	Utilidad	Prob.	Utillidad	Prob.	Pérdida
2	10.52%	6 S	21.05%	2 S	36.84%	0	31.57%	4 S
2.5	10.52%	6.5 S	21.05%	1.5 S	36.84	0.5 S	31.57%	4.5 S
3	10.52%	7 S	21.05%	1 S	36.84	1 S	31.57%	5 S
3.5	10.52%	7.5 S	21.05%	0.5 S	36.84	1.5 S	31.57%	5.5 S
4	10.52%	8 S	21.05%	0	36.84	2 S	31.57%	6 S

Hay muchas similitudes entre esta última tabla y la tabla de la sección previa (para esquinas). Aún así, las probabilidades son mejores para los jugadores en esta última tabla.

Para las filas internas (2, 3 o 4), tenemos una probabilidad global de ganar (con utilidades positivas) de 68,41% (de las cuales 10,52% es la probabilidad de altas utilidades de $6,5S$ a $7,5S$).

Para estas apuestas, la posible pérdida es también alta ($4,5S$ a $5,5S$), así que son apropiadas a corto y mediano plazo, dependiendo del monto a disposición del jugador.

La expectativa matemática para una apuesta del tipo de la fila 4 es:

$$M = 10,52\% \cdot 7S + 21,05\% \cdot S + 36,84\% \cdot S - 31,57\% \cdot 5S = -0,26S$$

Para un monto de $2 de S, se puede tener la expectativa de perder en promedio $0,52 por cada apuesta de $10.

Apostando en un color y en semiplenos del color opuesto

Este tipo de apuesta se asemeja a la apuesta compleja con la que tratamos en la primera sección (apostando en un color y en números del color opuesto).

La diferencia es que en vez de apuestas plenos utilizamos semiplenos. Los semiplenos se eligen para que contengan dos números del mismo color con grupos mutuamente excluyentes.

Por tanto, tenemos dos tipos de apuestas, dependiendo en que color sea hecha la apuesta (el número posible de semiplenos que obedece a las condiciones anteriores es diferente en ambos casos, como lo veremos.

Apostando en el color rojo y en semiplenos negros

De todos los siete semiplenos negros, podemos elegir un máximo de cinco semiplenos negros que sean mutuamente excluyentes; por ejemplo (8, 11), (10, 13), (17, 20), (26, 29) y (28, 31).

Cuando se apuesta en estos dos semiplenos (pagan 17 a 1) y en el color rojo (paga 1 a 1), ampliamos la cubierta e implícitamente incrementamos la probabilidad de ganar.

Los posibles sucesos después de girar la ruleta son: A – un número negro de los semiplenos elegidos aparece, B – un número negro externos a los semiplenos elegidos aparece, C – un número rojo aparece y D – el 0 ó 00 aparecen.

Estos sucesos son exhaustivos y mutuamente excluyentes, así que tenemos:

$$P(A \cup B \cup C \cup D) = P(A) + P(B) + P(C) + P(D) = 1$$

Encontremos la probabilidad de cada suceso y la utilidad o pérdida en cada caso:

A. La probabilidad de que un número negro de los cinco semiplenos aparezca es $P(A) = 10/38 = 5/19$.

En caso de que esto ocurra, el jugador gana (o pierde) $17S - 4S - cS = (13 - c)S$.

B. La probabilidad de que un número negro externo a los cinco semiplenos aparezca es $P(B) = 8/38 = 4/19$.

En caso de que esto ocurra, el jugador pierde $cS + 5S = (c + 5)S$.

C. La probabilidad de que un número rojo aparezca es $P(C) = 18/38 = 9/19$.

En caso de que esto ocurra, el jugador gana (o pierde) $cS - 5S = (c - 5)S$.

D. La probabilidad de que un 0 ó 00 aparezcan es $P(D) = 2/38 = 1/19$.

En caso de que esto ocurra, el jugador pierde $cS + 5S = (c + 5)S$.

Bajo la condición de una utilidad no negativa en los casos *A* y *C*, las restricciones en *c* son:

$$\begin{cases} 13 - c \geq 0 \\ c - 5 \geq 0 \end{cases} \Leftrightarrow 5 \leq c \leq 13$$

Estas fórmulas emiten las siguientes tablas de valores, en las que *c* tiene incrementos de 0,5.

S se deja como una variable para ser reemplazada por los jugadores con cualquier monto básico apostado de acuerdo con sus propios comportamientos y estrategias de apuesta.

Como en la sección previa, las tablas fueron diseñadas para la ruleta americana.

Para la ruleta europea, las probabilidades cambian a como siguen:

A: número negro en uno de los cinco semiplenos: $P(A) = 10/37 = 27,02\%$

B: número negro externo a los cinco semiplenos: $P(B) = 8/37 = 21,62\%$

C: número rojo: $P(C) = 18/37 = 48,64\%$

D: número 0: $P(D) = 1/37 = 2,70\%$

	Gana una apuesta en semipleno		Número rojo		No gana ninguna apuesta	
c	Prob.	Utilidad	Prob.	Utilidad	Prob.	Pérdida
5	26.31%	8 S	47.36%	0	26.31%	10 S
5.5	26.31%	7.5 S	47.36%	0.5 S	26.31%	10.5 S
6	26.31%	7 S	47.36%	1 S	26.31%	11 S
6.5	26.31%	6.5 S	47.36%	1.5 S	26.31%	11.5 S
7	26.31%	6 S	47.36%	2 S	26.31%	12 S
7.5	26.31%	5.5 S	47.36%	2.5 S	26.31%	12.5 S
8	26.31%	5 S	47.36%	3 S	26.31%	13 S
8.5	26.31%	4.5 S	47.36%	3.5 S	26.31%	13.5 S
9	26.31%	4 S	47.36%	4 S	26.31%	14 S

	Gana una apuesta en semipleno		Número rojo		No gana ninguna apuesta	
c	Prob.	Utilidad	Prob.	Utilidad	Prob.	Pérdida
9.5	26.31%	3.5 S	47.36%	4.5 S	26.31%	14.5 S
10	26.31%	3 S	47.36%	5 S	26.31%	15 S
10.5	26.31%	2.5 S	47.36%	5.5 S	26.31%	15.5 S
11	26.31%	2 S	47.36%	6 S	26.31%	16 S
11.5	26.31%	1.5 S	47.36%	6.5 S	26.31%	16.5 S
12	26.31%	1 S	47.36%	7 S	26.31%	17 S
12.5	26.31%	0.5 S	47.36%	7.5 S	26.31%	17.5 S
13	26.31%	0	47.36%	8 S	26.31%	18 S

Podemos observar que este tipo de apuestas depende de si se asegura la apuesta en color (47,36%), la cual también otorga buenas utilidades (hasta $8S$).

Tenemos también una buena posibilidad (26,31%) de ganar una apuesta semipleno, con utilidades de hasta $8S$.

El lado negativo es una fuerte pérdida en caso de fallar ($10S$ a $18S$), pero la probabilidad de perder es menor al 30%.

Todos estos factores hacen de este tipo de apuesta apropiada a corto y mediano plazo para jugadores con altos montos a su disposición.

Tomemos la tercera fila ($c = 6$) para calcular su expectativa. Esto es $M = 26,31\% \cdot 7S + 47,36\% \cdot S - 26,31\% \cdot 11S = -0,57S$.

Por un monto de \$3 de S, se puede tener la expectativa de perder en promedio \$1,71 por cada apuesta de \$33.

Apostando en el color negro y en semiplenos rojos

Tenemos sólo cuatro semiplenos rojos en la mesa y son mutuamente excluyentes: (9, 12), (16, 19), (18, 21) y (27, 30).

Utilizamos denotaciones similares a las del caso anterior: S es el monto de la apuesta en un semipleno y cS es el monto de la apuesta en el color negro.

Los posibles sucesos después de girar la ruleta son: A – un número rojo de los semiplenos elegidos aparece, B – un número rojo externo a los semiplenos elegidos aparece, C – un número negro aparece y D – el 0 ó 00 aparecen.

Estos sucesos son exhaustivos y mutuamente excluyentes, así que tenemos:

$P(A \cup B \cup C \cup D) = P(A) + P(B) + P(C) + P(D) = 1$

Encontremos la probabilidad de cada suceso y la utilidad o pérdida en cada caso:

A. La probabilidad de que un número rojo de los cuatro semiplenos aparezca es $P(A) = 8/38 = 4/19$.

En caso de que esto ocurra, el jugador gana (o pierde) $17S - 3S - cS = (14 - c)S$.

B. La probabilidad de que un número rojo externo a los cuatro semiplenos aparezca es $P(B) = 10/38 = 5/19$.

En caso de que esto ocurra, el jugador pierde $cS + 4S = (c + 4)S$.

C. La probabilidad de que un número negro aparezca es $P(C) = 18/38 = 9/19$.

En caso de que esto ocurra, el jugador gana (o pierde) $cS - 4S = (c - 4)S$.

D. La probabilidad de que un 0 ó 00 aparezcan es $P(D) = 2/38 = 1/19$.

En el caso de que esto ocurra, el jugador pierde $cS + 4S = (c + 5)S$.

Bajo la condición de una utilidad no negativa en los casos *A* y *C*, las restricciones en *c* son:

$$\begin{cases} 14 - c \geq 0 \\ c - 4 \geq 0 \end{cases} \Leftrightarrow \quad 4 \leq c \leq 14$$

Estas fórmulas emiten las siguientes tablas de valores, en las que *c* tiene incrementos de 0,5.

S se deja como una variable para ser reemplazada por los jugadores con cualquier monto básico apostado de acuerdo con sus propios comportamientos y estrategias de apuesta.

Como en la sección previa, las tablas fueron diseñadas para la ruleta americana.

Para la ruleta europea, las probabilidades cambian a como siguen:

A: número rojo en uno de los cuatro semiplenos: $P(A) = 8/37 = 21,62\%$

B: número rojo externo a uno de los cuatro semiplenos: $P(B) = 10/37 = 27,02\%$

C: número negro: $P(C) = 18/37 = 48,64\%$

D: número 0: $P(D) = 1/37 = 2,70\%$

c	Gana una apuesta en semipleno		Número negro		No gana ninguna apuesta	
	Prob.	Utilidad	Prob.	Utilidad	Prob.	Pérdida
4	21.05%	10 S	47.36%	0	31.57%	8 S
4.5	21.05%	9.5 S	47.36%	0.5 S	31.57%	8.5 S
5	21.05%	9 S	47.36%	1 S	31.57%	9 S
5.5	21.05%	8.5 S	47.36%	1.5 S	31.57%	9.5 S
6	21.05%	8 S	47.36%	2 S	31.57%	10 S
6.5	21.05%	7.5 S	47.36%	2.5 S	31.57%	10.5 S
7	21.05%	7 S	47.36%	3 S	31.57%	11 S
7.5	21.05%	6.5 S	47.36%	3.5 S	31.57%	11.5 S
8	21.05%	6 S	47.36%	4 S	31.57%	12 S
8.5	21.05%	5.5 S	47.36%	4.5 S	31.57%	12.5 S
9	21.05%	5 S	47.36%	5 S	31.57%	13 S

	Gana una apuesta en semipleno		Número negro		No gana ninguna apuesta	
c	Prob.	Utilidad	Prob.	Utilidad	Prob.	Pérdida
9.5	21.05%	4.5 S	47.36%	5.5 S	31.57%	13.5 S
10	21.05%	4 S	47.36%	6 S	31.57%	14 S
10.5	21.05%	3.5 S	47.36%	6.5 S	31.57%	14.5 S
11	21.05%	3 S	47.36%	7 S	31.57%	15 S
11.5	21.05%	2.5 S	47.36%	7.5 S	31.57%	15.5 S
12	21.05%	2 S	47.36%	8 S	31.57%	16 S
12.5	21.05%	1.5 S	47.36%	8.5 S	31.57%	16.5 S
13	21.05%	1 S	47.36%	9 S	31.57%	17 S
13.5	21.05%	0.5 S	47.36%	9.5 S	31.57%	17.5 S
14	21.05%	0	47.36%	10 S	31.57%	18 S

Esta tabla no es muy diferente de la tabla en la sección previa.

La probabilidad de perder es ligeramente más alta (31,57% en vez de 26,31%), la probabilidad de ganar la apuesta en color es la misma, mientras que la probabilidad de ganar una apuesta semipleno es ligeramente menor (21,05% en vez de 26,31%).

Los montos varían con la cantidad de S para la misma c.

Las conclusiones de la sección previa también son ciertas aquí.

Además, aquí podemos elegir c de un rango más amplio (4 a 14 en vez de 5 a 13 del caso anterior).

Tomemos el mismo $c = 6$ como en la sección previa (aquí, la quinta fila) para calcular la expectativa para esa apuesta. Esto es:
$$M = 21,05\% \cdot 8S + 47,36\% \cdot 2S - 31,57\% \cdot 10S = -0,52S$$

Por un monto de \$3,3 de S, se puede tener la expectativa de perder en promedio \$1,71 por cada apuesta de \$33.

Apostando en Altos o Bajos y en semiplenos de números bajos o altos

Volvamos al primer tipo de apuesta compleja presentada, *Apostando en un color y en números del color opuesto.*

Esta apuesta es equivalente a una apuesta en números Altos y en números bajos o a una apuesta en números Bajos y en números altos.

Para este tipo de apuesta, n (el número de apuestas plenos) que se permite es hasta 17.

Veremos que pasa cuando reemplazamos las apuestas plenos con apuestas semiplenos.

El caso es una apuesta en Alto (paga 1 a 1) y semiplenos de números bajos (paga 17 a 1); por ejemplo (5, 8).

Elegimos de los semiplenos que son mutuamente excluyentes.

Observe que este tipo de apuesta no es similar a la apuesta previamente presentada, *Apostando en un color y en semiplenos del color opuesto*; debido a la configuración de la tabla. El caso anterior tenía un máximo de cuatro o cinco semiplenos mutuamente excluyentes; aquí hay un máximo de nueve semiplenos semejantes.

Estas son las denotaciones que utilizaremos: n es el número de las apuestas semiplenos hechas, S es el monto de apuesta en un semipleno cS es el monto de apuesta en Alto. Por supuesto, $n \leq 9$.

Los posibles sucesos después de girar la ruleta son: A – un número de los semiplenos bajos elegidos aparece, B – un número bajo externo a los semiplenos elegidos aparece, C – un número alto aparece y D – el 0 ó 00 aparecen.

Estos sucesos son exhaustivos y mutuamente excluyentes, así que tenemos $P(A \cup B \cup C \cup D) = P(A) + P(B) + P(C) + P(D) = 1$.

Encontremos la probabilidad de cada suceso y la utilidad o pérdida en cada caso:

A. La probabilidad de que un número de semiplenos n aparezca es $P(A) = 2n/38 = n/19$.

En caso de que esto ocurra, el jugador gana (o pierde) $17S - (n - 1)S - cS = (18 - n - c)S$.

B. La probabilidad de que un número externo a los semiplenos n aparezca es $P(B) = \dfrac{18-2n}{38} = \dfrac{9-n}{19}$.

En el caso de que esto ocurra, el jugador pierde $cS + nS = (c + n)S$.

C. La probabilidad de que un número alto aparezca es $P(C) = 18/38 = 9/19$.

En caso de que esto ocurra, el jugador gana (o pierde) $cS - nS = (c - n)S$.

D. La probabilidad de que un 0 ó 00 aparezcan es $P(D) = 2/38 = 1/19$.

En caso de que esto ocurra, el jugador pierde $cS + nS = (c + n)S$.

Bajo la condición de una utilidad no negativa en los casos *A* y *C*, las restricciones en c son:

$$\begin{cases} 18 - n - c \geq 0 \\ c - n \geq 0 \end{cases} \Leftrightarrow \quad n \leq c \leq 18 - n$$

Esto equivale a:
Si $n = 1$, entonces $1 \leq c \leq 17$.
Si $n = 2$, entonces $2 \leq c \leq 16$.
Si $n = 3$, entonces $3 \leq c \leq 15$.
Si $n = 4$, entonces $4 \leq c \leq 14$.
Si $n = 5$, entonces $5 \leq c \leq 13$.
Si $n = 6$, entonces $6 \leq c \leq 12$.
Si $n = 7$, entonces $7 \leq c \leq 11$.
Si $n = 8$, entonces $8 \leq c \leq 10$.
Si $n = 9$, entonces $c = 9$.

Estas fórmulas emiten las siguientes tablas de valores, en las que c tiene incrementos de 0,5.

S se deja como una variable para ser reemplazada por los jugadores con cualquier monto básico apostado, de acuerdo con sus propios comportamientos y estrategias de apuesta.

Como en la sección previa, las tablas fueron diseñadas para la ruleta americana.

		Gana una apuesta en semipleno		Número alto		No gana ninguna apuesta	
n	c	Prob.	Utilidad	Prob.	Utilidad	Prob.	Pérdida
1	1	5.26%	16 S	47.36%	0	47.36%	2 S
1	1.5	5.26%	15.5 S	47.36%	0.5 S	47.36%	2.5 S
1	2	5.26%	15 S	47.36%	1 S	47.36%	3 S
1	2.5	5.26%	14.5 S	47.36%	1.5 S	47.36%	3.5 S
1	3	5.26%	14 S	47.36%	2 S	47.36%	4 S
1	3.5	5.26%	13.5 S	47.36%	2.5 S	47.36%	4.5 S
1	4	5.26%	13 S	47.36%	3 S	47.36%	5 S
1	4.5	5.26%	12.5 S	47.36%	3.5 S	47.36%	5.5 S
1	5	5.26%	12 S	47.36%	4 S	47.36%	6 S
1	5.5	5.26%	11.5 S	47.36%	4.5 S	47.36%	6.5 S
1	6	5.26%	11 S	47.36%	5 S	47.36%	7 S

		Gana una apuesta en semipleno		Número alto		No gana ninguna apuesta	
n	c	Prob.	Utilidad	Prob.	Utilidad	Prob.	Pérdida
1	6.5	5.26%	10.5 S	47.36%	5.5 S	47.36%	7.5 S
1	7	5.26%	10 S	47.36%	6 S	47.36%	8 S
1	7.5	5.26%	9.5 S	47.36%	6.5 S	47.36%	8.5 S
1	8	5.26%	9 S	47.36%	7 S	47.36%	9 S
1	8.5	5.26%	8.5 S	47.36%	7.5 S	47.36%	9.5 S
1	9	5.26%	8 S	47.36%	8 S	47.36%	10 S
1	9.5	5.26%	7.5 S	47.36%	8.5 S	47.36%	10.5 S
1	10	5.26%	7 S	47.36%	9 S	47.36%	11 S
1	10.5	5.26%	6.5 S	47.36%	9.5 S	47.36%	11.5 S
1	11	5.26%	6 S	47.36%	10 S	47.36%	12 S
1	11.5	5.26%	5.5 S	47.36%	10.5 S	47.36%	12.5 S

n	c	Gana una apuesta en semipleno		Número alto		No gana ninguna apuesta	
		Prob.	Utilidad	Prob.	Utilidad	Prob.	Pérdida
1	12	5.26%	5 S	47.36%	11 S	47.36%	13 S
1	12.5	5.26%	4.5 S	47.36%	11.5 S	47.36%	13.5 S
1	13	5.26%	4 S	47.36%	12 S	47.36%	14 S
1	13.5	5.26%	3.5 S	47.36%	12.5 S	47.36%	14.5 S
1	14	5.26%	3 S	47.36%	13 S	47.36%	15 S
1	14.5	5.26%	2.5 S	47.36%	13.5 S	47.36%	15.5 S
1	15	5.26%	2 S	47.36%	14 S	47.36%	16 S
1	15.5	5.26%	1.5 S	47.36%	14.5 S	47.36%	16.5 S
1	16	5.26%	1 S	47.36%	15 S	47.36%	17 S
1	16.5	5.26%	0.5 S	47.36%	15.5 S	47.36%	17.5 S
1	17	5.26%	0	47.36%	16 S	47.36%	18 S

n	c	Gana una apuesta en semipleno		Número alto		No gana ninguna apuesta	
		Prob.	Utilidad	Prob.	Utilidad	Prob.	Pérdida
2	2	10.52%	14 S	47.36%	0	42.10%	4 S
2	2.5	10.52%	13.5 S	47.36%	0.5 S	42.10%	4.5 S
2	3	10.52%	13 S	47.36%	1 S	42.10%	5 S
2	3.5	10.52%	12.5 S	47.36%	1.5 S	42.10%	5.5 S
2	4	10.52%	12 S	47.36%	2 S	42.10%	6 S
2	4.5	10.52%	11.5 S	47.36%	2.5 S	42.10%	6.5 S
2	5	10.52%	11 S	47.36%	3 S	42.10%	7 S
2	5.5	10.52%	10.5 S	47.36%	3.5 S	42.10%	7.5 S
2	6	10.52%	10 S	47.36%	4 S	42.10%	8 S
2	6.5	10.52%	9.5 S	47.36%	4.5 S	42.10%	8.5 S
2	7	10.52%	9 S	47.36%	5 S	42.10%	9 S

n	c	Gana una apuesta en semipleno		Número alto		No gana ninguna apuesta	
		Prob.	Utilidad	Prob.	Utilidad	Prob.	Pérdida
2	7.5	10.52%	8.5 S	47.36%	5.5 S	42.10%	9.5 S
2	8	10.52%	8 S	47.36%	6 S	42.10%	10 S
2	8.5	10.52%	7.5 S	47.36%	6.5 S	42.10%	10.5 S
2	9	10.52%	7 S	47.36%	7 S	42.10%	11 S
2	9.5	10.52%	6.5 S	47.36%	7.5 S	42.10%	11.5 S
2	10	10.52%	6 S	47.36%	8 S	42.10%	12 S
2	10.5	10.52%	5.5 S	47.36%	8.5 S	42.10%	12.5 S
2	11	10.52%	5 S	47.36%	9 S	42.10%	13 S
2	11.5	10.52%	4.5 S	47.36%	9.5 S	42.10%	13.5 S
2	12	10.52%	4 S	47.36%	10 S	42.10%	14 S
2	12.5	10.52%	3.5 S	47.36%	10.5 S	42.10%	14.5 S

		Gana una apuesta en semipleno		Número alto		No gana ninguna apuesta	
n	c	Prob.	Utilidad	Prob.	Utilidad	Prob.	Pérdida
2	13	10.52%	3 S	47.36%	11 S	42.10%	15 S
2	13.5	10.52%	2.5 S	47.36%	11.5 S	42.10%	15.5 S
2	14	10.52%	2 S	47.36%	12 S	42.10%	16 S
2	14.5	10.52%	1.5 S	47.36%	12.5 S	42.10%	16.5 S
2	15	10.52%	1 S	47.36%	13 S	42.10%	17 S
2	15.5	10.52%	0.5 S	47.36%	13.5 S	42.10%	17.5 S
2	16	10.52%	0	47.36%	14 S	42.10%	18 S
3	3	15.78%	12 S	47.36%	0	36.84%	6 S
3	3.5	15.78%	11.5 S	47.36%	0.5 S	36.84%	6.5 S
3	4	15.78%	11 S	47.36%	1 S	36.84%	7 S
3	4.5	15.78%	10.5 S	47.36%	1.5 S	36.84%	7.5 S

n	c	Gana una apuesta en semipleno		Número alto		No gana ninguna apuesta	
		Prob.	Utilidad	Prob.	Utilidad	Prob.	Pérdida
3	5	15.78%	10 S	47.36%	2 S	36.84%	8 S
3	5.5	15.78%	9.5 S	47.36%	2.5 S	36.84%	8.5 S
3	6	15.78%	9 S	47.36%	3 S	36.84%	9 S
3	6.5	15.78%	8.5 S	47.36%	3.5 S	36.84%	9.5 S
3	7	15.78%	8 S	47.36%	4 S	36.84%	10 S
3	7.5	15.78%	7.5 S	47.36%	4.5 S	36.84%	10.5 S
3	8	15.78%	7 S	47.36%	5 S	36.84%	11 S
3	8.5	15.78%	6.5 S	47.36%	5.5 S	36.84%	11.5 S
3	9	15.78%	6 S	47.36%	6 S	36.84%	12 S
3	9.5	15.78%	5.5 S	47.36%	6.5 S	36.84%	12.5 S
3	10	15.78%	5 S	47.36%	7 S	36.84%	13 S

	n	c	Gana una apuesta en semipleno		Número alto		No gana ninguna apuesta	
			Prob.	Utilidad	Prob.	Utilidad	Prob.	Pérdida
	3	10.5	15.78%	4.5 S	47.36%	7.5 S	36.84%	13.5 S
	3	11	15.78%	4 S	47.36%	8 S	36.84%	14 S
	3	11.5	15.78%	3.5 S	47.36%	8.5 S	36.84%	14.5 S
	3	12	15.78%	3 S	47.36%	9 S	36.84%	15 S
	3	12.5	15.78%	2.5 S	47.36%	9.5 S	36.84%	15.5 S
	3	13	15.78%	2 S	47.36%	10 S	36.84%	16 S
	3	13.5	15.78%	1.5 S	47.36%	10.5 S	36.84%	16.5 S
	3	14	15.78%	1 S	47.36%	11 S	36.84%	17 S
	3	14.5	15.78%	0.5 S	47.36%	11.5 S	36.84%	17.5 S
	3	15	15.78%	0	47.36%	12 S	36.84%	18 S
	4	4	21.05%	10 S	47.36%	0	31.57%	8 S

n	c	Gana una apuesta en semipleno		Número alto		No gana ninguna apuesta	
		Prob.	Utilidad	Prob.	Utilidad	Prob.	Pérdida
4	4.5	21.05%	9.5 S	47.36%	0.5 S	31.57%	8.5 S
4	5	21.05%	9 S	47.36%	1 S	31.57%	9 S
4	5.5	21.05%	8.5 S	47.36%	1.5 S	31.57%	9.5 S
4	6	21.05%	8 S	47.36%	2 S	31.57%	10 S
4	6.5	21.05%	7.5 S	47.36%	2.5 S	31.57%	10.5 S
4	7	21.05%	7 S	47.36%	3 S	31.57%	11 S
4	7.5	21.05%	6.5 S	47.36%	3.5 S	31.57%	11.5 S
4	8	21.05%	6 S	47.36%	4 S	31.57%	12 S
4	8.5	21.05%	5.5 S	47.36%	4.5 S	31.57%	12.5 S
4	9	21.05%	5 S	47.36%	5 S	31.57%	13 S
4	9.5	21.05%	4.5 S	47.36%	5.5 S	31.57%	13.5 S

n	c	Gana una apuesta en semipleno		Número alto		No gana ninguna apuesta	
		Prob.	Utilidad	Prob.	Utilidad	Prob.	Pérdida
4	10	21.05%	4 S	47.36%	6 S	31.57%	14 S
4	10.5	21.05%	3.5 S	47.36%	6.5 S	31.57%	14.5 S
4	11	21.05%	3 S	47.36%	7 S	31.57%	15 S
4	11.5	21.05%	2.5 S	47.36%	7.5 S	31.57%	15.5 S
4	12	21.05%	2 S	47.36%	8 S	31.57%	16 S
4	12.5	21.05%	1.5 S	47.36%	8.5 S	31.57%	16.5 S
4	13	21.05%	1 S	47.36%	9 S	31.57%	17 S
4	13.5	21.05%	0.5 S	47.36%	9.5 S	31.57%	17.5 S
4	14	21.05%	0	47.36%	10 S	31.57%	18 S
5	5	26.31%	8 S	47.36%	0	26.31%	10 S
5	5.5	26.31%	7.5 S	47.36%	0.5 S	26.31%	10.5 S

n	c	Gana una apuesta en semipleno		Número alto		No gana ninguna apuesta	
		Prob.	Utilidad	Prob.	Utilidad	Prob.	Pérdida
5	6	26.31%	7 S	47.36%	1 S	26.31%	11 S
5	6.5	26.31%	6.5 S	47.36%	1.5 S	26.31%	11.5 S
5	7	26.31%	6 S	47.36%	2 S	26.31%	12 S
5	7.5	26.31%	5.5 S	47.36%	2.5 S	26.31%	12.5 S
5	8	26.31%	5 S	47.36%	3 S	26.31%	13 S
5	8.5	26.31%	4.5 S	47.36%	3.5 S	26.31%	13.5 S
5	9	26.31%	4 S	47.36%	4 S	26.31%	14 S
5	9.5	26.31%	3.5 S	47.36%	4.5 S	26.31%	14.5 S
5	10	26.31%	3 S	47.36%	5 S	26.31%	15 S
5	10.5	26.31%	2.5 S	47.36%	5.5 S	26.31%	15.5 S
5	11	26.31%	2 S	47.36%	6 S	26.31%	16 S

	n	c	Gana una apuesta en semipleno		Número alto		No gana ninguna apuesta	
			Prob.	Utilidad	Prob.	Utilidad	Prob.	Pérdida
	5	11.5	26.31%	1.5 S	47.36%	6.5 S	26.31%	16.5 S
	5	12	26.31%	1 S	47.36%	7 S	26.31%	17 S
	5	12.5	26.31%	0.5 S	47.36%	7.5 S	26.31%	17.5 S
	5	13	26.31%	0	47.36%	8 S	26.31%	18 S
	6	6	31.57%	6 S	47.36%	0	21.05%	12 S
	6	6.5	31.57%	5.5 S	47.36%	0.5 S	21.05%	12.5 S
	6	7	31.57%	5 S	47.36%	1 S	21.05%	13 S
	6	7.5	31.57%	4.5 S	47.36%	1.5 S	21.05%	13.5 S
	6	8	31.57%	4 S	47.36%	2 S	21.05%	14 S
	6	8.5	31.57%	3.5 S	47.36%	2.5 S	21.05%	14.5 S
	6	9	31.57%	3 S	47.36%	3 S	21.05%	15 S

n	c	Gana una apuesta en semipleno		Número alto		No gana ninguna apuesta	
		Prob.	Utilidad	Prob.	Utilidad	Prob.	Pérdida
6	9.5	31.57%	2.5 S	47.36%	3.5 S	21.05%	15.5 S
6	10	31.57%	2 S	47.36%	4 S	21.05%	16 S
6	10.5	31.57%	1.5 S	47.36%	4.5 S	21.05%	16.5 S
6	11	31.57%	1 S	47.36%	5 S	21.05%	17 S
6	11.5	31.57%	0.5 S	47.36%	5.5 S	21.05%	17.5 S
6	12	31.57%	0	47.36%	6 S	21.05%	18 S
7	7	36.84%	4 S	47.36%	0	15.78%	14 S
7	7.5	36.84%	3.5 S	47.36%	0.5 S	15.78%	14.5 S
7	8	36.84%	3 S	47.36%	1 S	15.78%	15 S
7	8.5	36.84%	2.5 S	47.36%	1.5 S	15.78%	15.5 S
7	9	36.84%	2 S	47.36%	2 S	15.78%	16 S

		Gana una apuesta en semipleno		Número alto		No gana ninguna apuesta	
n	c	Prob.	Utilidad	Prob.	Utilidad	Prob.	Pérdida
7	9.5	36.84%	1.5 S	47.36%	2.5 S	15.78%	16.5 S
7	10	36.84%	1 S	47.36%	3 S	15.78%	17 S
7	10.5	36.84%	0.5 S	47.36%	3.5 S	15.78%	17.5 S
7	11	36.84%	0	47.36%	4 S	15.78%	18 S
8	8	42.10%	2 S	47.36%	0	10.52%	16 S
8	8.5	42.10%	1.5 S	47.36%	0.5 S	10.52%	16.5 S
8	9	42.10%	1 S	47.36%	1 S	10.52%	17 S
8	9.5	42.10%	0.5 S	47.36%	1.5 S	10.52%	17.5 S
8	10	42.10%	0	47.36%	2 S	10.52%	18 S
9	9	47.36%	0	47.36%	0	5.26%	18 S

Como se mencionó anteriormente, la misma tabla es cierta para las apuestas equivalente en Bajos y semiplenos de números altos.

Para la ruleta europea, las probabilidades cambian a como siguen:
A: un número en uno de los semiplenos n: $P(A) = 2n/37$
B: un número bajo externo a los semiplenos n:
$P(B) = (18 - 2n)/37$
C: un número alto: $P(C) = 18/37 = 48,64\%$
D: número 0: $P(D) = 1/37 = 2,70\%$

Observe que la última parte de la tabla contiene apuestas que tienen posibles ganancias bajas en comparación con las posibles pérdidas respectivas.

La última fila corresponde a una apuesta que prácticamente no ha ganado, ya sea a corto, mediano o largo plazo.

Un jugador que hace una apuesta de esta última parte de la tabla (excepto por la última fila) puede obtener pequeñas utilidades a mediano plazo, pero una pérdida podría resultar en una utilidad negativa total (aún si la probabilidad de perder es baja, el monto perdido es suficientemente alto como para arruinar los esfuerzos previos).

En la primera parte y en la mitad de la tabla, la probabilidad de perder incrementa y el posible monto de pérdida es todavía alto, pero la posible ganancia en caso de ganar un semipleno o la apuesta en altos incrementa.

Tomemos una fila de la mitad, por ejemplo $n = 4$, $c = 7$.

Tenemos casi un 70% de probabilidad de ganar, con utilidades de $7S$ o $3S$ y una posible pérdida de $11S$.

Esta apuesta es apropiada para montos pequeños de apuesta a mediano plazo o montos medianos en corto plazo.

La expectativa matemática para una apuesta a largo plazo es:
$$M = 21,05\% \cdot 7S + 47,36\% \cdot 3S - 31,57\% \cdot 11S = -0,57S$$

Por un monto de \$1 de S, se puede tener la expectativa de perder en promedio \$0,57 por cada apuesta de \$11.

Apostando en la primera y tercera columna y en el color negro

Esta apuesta compleja se deriva de la observación de que la primera y tercera columnas contienen la mayoría de los números rojos (la primera columna tiene seis números, la tercera columna tiene ocho, mientras que la segunda tiene sólo cuatro). Cuando se combina las apuestas en columna con una apuesta en color negro, ampliamos la cubierta e implícitamente incrementamos la probabilidad de ganar.

Esta apuesta consiste de dos apuestas en la primera y tercera columnas (paga 2 a 1) y una apuesta en el color negro (paga 1 a 1).

Estas son las denotaciones que utilizaremos: S es el monto de apuesta en cada columna, cS es el monto de la apuesta en el color negro.

Los posibles sucesos después de girar la ruleta son: A – un número negro de la primera columna aparece, B – un número rojo de la primera columna aparece, C – un número negro de la tercera columna aparece, D – un número rojo de la tercera columna aparece, E – un número negro de la segunda columna aparece, F – un número rojo de la segunda columna aparece y G – el 0 ó 00 aparece. Estos sucesos son mutuamente exhaustivos y excluyentes, así que tenemos

$P(A \cup B \cup C \cup D \cup E \cup F \cup G) =$
$P(A) + P(B) + P(C) + P(D) + P(E) + P(F) + P(G) = 1$.

Encontremos la probabilidad de cada suceso y la utilidad o pérdida en cada caso:

A. La probabilidad de que un número negro de la primera columna gane es $P(A) = 6/38 = 3/19 = 15,78\%$. En caso de que esto ocurra, el jugador gana $2S + cS - S = (1 + c)S$.

B. La probabilidad de que un número rojo de la primera columna gane es $P(B) = 6/38 = 3/19 = 15,78\%$. En caso de que esto ocurra, el jugador gana (o pierde) $2S - S - cS = (1 - c)S$.

C. La probabilidad de que un número negro de la tercera columna gane es $P(C) = 4/38 = 2/19 = 10,52\%$. En caso de que esto ocurra, el jugador gana $2S - S + cS = (1 + c)S$.

D. La probabilidad de que un número rojo de la tercera columna gane es $P(D) = 8/38 = 4/19 = 21,05\%$. En caso de que esto ocurra, el jugador gana (o pierde) $2S - S - cS = (1 - c)S$.

E. La probabilidad de que un número negro de la segunda columna gane es $P(E) = 8/38 = 4/19 = 21,05\%$. En caso de que esto ocurra, el jugador gana (o pierde) $cS - 2S = (c - 2)S$.

F. La probabilidad de que un número rojo de la segunda columna gane es $P(E) = 4/38 = 2/19 = 10,52\%$. En caso de que esto ocurra, el jugador pierde $cS + 2S = (c + 2)S$.

G. La probabilidad de que el 0 ó 00 gane es $P(E) = 2/38 = 1/19 = 5,26\%$. En caso de que esto ocurra, el jugador pierde $cS + 2S = (c + 2)S$.

Es natural poner la condición de una utilidad no negativa en todos los casos desde *A* hasta *G*.

Observe que si $c \geq 2$ hay tres casos con utilidades no negativas (*A*, *C* y *E*); si $c \leq 1$ hay cuatro casos con utilidades no negativas (*A*, *B*, *C* y *D*); y si $c \in (1, 2)$ hay sólo dos casos con utilidades no negativas (*A* y *C*).

Por consiguiente, elegimos el parámetro c en el intervalo $[0, 1]$.

Estas fórmulas emiten las siguientes tablas de valores, en las que c tiene incrementos de 0,2.

S se deja como una variable para ser reemplazada por los jugadores con cualquier monto básico apostado de acuerdo con sus propios comportamientos y estrategias de apuesta.

Como en la sección previa, las tablas fueron diseñadas para la ruleta americana.

c	Número negro en la primera columna		Número rojo en la primera columna		Número negro en la tercera columna		Número rojo en la tercera columna		Número negro en la segunda columna		No ganar ninguna apuesta (número rojo en la 2ᵈᵃ columna, 0 ó 00)	
	Prob.	Utilidad	Prob.	Utilidad	Prob.	Utilidad	Prob.	Utilidad	Prob.	Pérdida	Prob.	Pérdida
0.2	15.78 %	1.2 S	15.78 %	0.8 S	10.52 %	1.2 S	21.05 %	0.8 S	21.05 %	1.8 S	15.78 %	2.2 S
0.4	15.78 %	1.4 S	15.78 %	0.6 S	10.52 %	1.4 S	21.05 %	0.6 S	21.05 %	1.6 S	15.78 %	2.4 S
0.6	15.78 %	1.6 S	15.78 %	0.4 S	10.52 %	1.6 S	21.05 %	0.4 S	21.05 %	1.4 S	15.78 %	2.6 S
0.8	15.78 %	1.8 S	15.78 %	0.2 S	10.52 %	1.8 S	21.05 %	0.2 S	21.05 %	1.2 S	15.78 %	2.8 S
1	15.78 %	2 S	15.78 %	0	10.52 %	2 S	21.05 %	0	21.05 %	1 S	15.78 %	3 S

<u>Observación</u>:
Las misma fórmulas y tablas también son ciertas para las apuestas complejas similares que consisten de dos apuestas en la primera y segunda columnas y una apuesta en el color rojo. Esto ocurre porque las apuestas son equivalentes si tienen los mismos montos apostados (la primera columna tiene seis números negros, la segunda columna tiene ocho y la tercera tiene cuatro).

Para la ruleta europea, las probabilidades cambian a como siguen:
A: un número negro en la primera columna: $P(A) = 6/37 = 16,21\%$
B: un número rojo en la primera columna: $P(B) = 6/37 = 16,21\%$
C: un número negro en la tercera columna: $P(C) = 4/37 = 10,81\%$
D: un número rojo en la tercera columna: $P(D) = 8/37 = 21,62\%$
E: un número negro en la segunda columna: $P(E) = 8/37 = 21,62\%$
F: un número rojo en la segunda columna: $P(F) = 4/37 = 10,81\%$
G: número 0: $P(G) = 1/37 = 2,70\%$

Observe en la tabla anterior que las posibles ganancias son bajas, mientras que las posibles perdidas no son tan altas, con una probabilidad global de ganar de 63,13%.
Esta clase de apuestas son apropiadas para la meta de hacer una utilidad normal pequeña a mediano o aún largo plazo.
La fórmula general de expectativa matemática para cualquiera de las apuestas de la tabla anterior es:

$$M = \frac{6}{38}(1+c)S + \frac{6}{38}(1-c)S + \frac{4}{38}(1+c)S + \frac{8}{38}(c-2)S -$$

$$\frac{4}{38}(c+2)S - \frac{2}{32}(c+2)S = \frac{S}{38}(-2c-4).$$

Como ejemplo, para la apuesta en la tercera fila ($c = 0,6$), esto es $M = -0,13S$.
Por un monto de \$1 de S, se puede tener la expectativa de perder en promedio \$0,13 por cada apuesta de \$2,6.

Apuestas repetidas

Un comportamiento de apuestas frecuente en muchos jugadores consiste en colocar la misma apuesta sencilla para diferentes giros de la ruleta, incrementando o manteniendo constante el monto de apuesta.

La motivación para dicho comportamiento puede ser subjetiva, pero también puede ser un acto de pura elección de juego.

Es la apuesta perfecta de un jugador con un perfil *golpe y fuga*, el jugador que no quiere esperar a correr esquemas de apuestas elaboradas las que le podrían dar pequeñas utilidades con regularidad.

Este jugador lo pone todo en una sesión corta, y la expectativa es acertar una serie de suertes que le dará suficiente utilidad para permitirle dejar la mesa rápidamente.

Encontremos las posibilidades involucradas en dichas apuestas repetidas.

Considere que n giros de ruleta independientes se llevan a cabo.

Denote con A el evento dado por la expectativa del resultado de una apuesta sencilla (por ejemplo: color rojo, número alto, número 15, columna 1, y así sucesivamente.

Después de cada giro, el suceso A puede ocurrir con una probabilidad p y no ocurrir con una probabilidad $q = 1 - p$.

La probabilidad para que el suceso A ocurra exactamente m veces en n giros ($m \leq n$) es dada en la fórmula Bernoulli:

Sea B_m el suceso *A que ocurre exactamente* m *veces en los experimentos* n. Entonces $P(B_m) = C_n^m p^m q^{n-m}$.

Apuestas repetidas en color – ruleta americana

Suponga que colocamos una apuesta de color. Denotamos con A el suceso *cuando un número del color elegido aparece.*

Después de cada giro, el suceso A puede ocurrir con una probabilidad $p = 18/38 = 9/19$ y no ocurrir con una probabilidad $q = 1 - p = 10/19$.

La probabilidad para que el suceso A ocurra exactamente m veces en n giros ($m \leq n$) se obtiene de la fórmula:

$$P(B_m) = C_n^m \left(\frac{9}{19}\right)^m \left(\frac{10}{19}\right)^{n-m}$$

La siguiente tabla anota los rendimientos numéricos de esta fórmula para incrementar n desde 10 hasta 100 giros en incrementos de 10. Los valores numéricos están escritos en notaciones científicas. Para convertirlas a notaciones decimales, debemos mover el coma decimal a la izquierda con el número de las decenas indicado por el número escrito después de "E-".

Por ejemplo, 505,77E-6 se convierte a 0,00050577, lo que significa una probabilidad 0,050577%.

144,26E-3 se convierte a 0,14426, lo que significa una probabilidad de 14,426%.

Para usar la tabla, elija el número de giros (n) y el número de incidencias (m) del suceso esperado. En la intersección de la columna n y la fila m encontramos la probabilidad para que ese suceso ocurra exactamente m veces después de n giros.

Por ejemplo, si queremos encontrar la probabilidad de un número rojo que aparece 15 veces después de 50 giros, buscamos la intersección de la columna $n = 50$ y la fila $m = 15$ y encontramos 5,2493E-3, lo que es 0,0053493 = 0,53493%.

Es muy útil encontrar la probabilidad de que el suceso esperado ocurra en al menos cierto número de veces después de n giros.

Debido a que los sucesos B_m son mutuamente excluyentes, podemos adicionar sus probabilidades para encontrar la probabilidad de que el suceso A ocurra al menos un cierto número de veces.

Por lo tanto, la probabilidad de que A ocurra al menos m veces después de n giros es $P(B_m) + P(B_{m+1}) + ... + P(B_n)$.

Prácticamente, en la tabla debemos sumar los resultados de la columna de la *n* que se elije, empezando desde la fila de la *m* que se eligió hacia abajo hasta la última celda no vacía.

Por ejemplo, encontremos la probabilidad de que el mismo color ocurra al menos 7 veces después de 10 giros.

Debemos sumar los resultados en la columna $n = 10$, desde las filas $m = 7$, $m = 8$, $m = 9$ y $m = 10$.

Esta operación nos arroja:

93,614E-3 + 31,595E-3 + 6,319E-3 + 568,71E-6 =
= 0,093614 + 0,031595 + 0,006319 + 0,00056871 = 0,13209671, lo que significa una probabilidad cerca de 13,21%.

El mismo acercamiento es cierto para todas las tablas en este capítulo.

n / *m*	10	20	30	40	50	60	70	80	90	100
1	14.679E-3	47.885E-6	117.15E-9	254.78E-12	519.44E-15	1.0167E-15	1.9346E-18	3.6062E-21	6.617E-24	11.992E-27
2	59.451E-3	409.42E-6	1.5289E-6	4.4713E-9	11.454E-12	26.992E-15	60.069E-18	128.2E-21	265.01E-24	534.23E-27
3	142.68E-3	2.2109E-3	12.842E-6	50.973E-9	164.93E-12	469.67E-15	1.2254E-15	2.9999E-18	6.9963E-21	15.706E-24
4	224.73E-3	8.4565E-3	78.017E-6	424.35E-9	1.7442E-9	6.0235E-12	18.473E-15	51.972E-18	136.95E-21	342.79E-24
5	242.7E-3	24.355E-3	365.12E-6	2.7498E-6	14.442E-9	60.717E-12	219.46E-15	710.98E-18	2.12E-18	5.9235E-21
6	182.03E-3	54.798E-3	1.3692E-3	14.436E-6	97.481E-9	500.91E-12	2.1397E-12	7.9986E-15	27.03E-18	84.409E-21
7	93.614E-3	98.637E-3	4.225E-3	63.108E-6	551.46E-9	3.4778E-9	17.607E-12	76.101E-15	291.93E-18	1.0201E-18
8	31.595E-3	144.26E-3	10.932E-3	234.29E-6	2.6677E-6	20.736E-9	124.79E-12	624.98E-15	2.7259E-15	10.673E-18
9	6.319E-3	173.11E-3	24.051E-3	749.72E-6	11.204E-6	107.83E-9	773.69E-12	4.4998E-12	22.352E-15	98.194E-18
10	568.71E-6	171.38E-3	45.456E-3	2.0917E-3	41.344E-6	494.93E-9	4.2476E-9	28.754E-12	162.95E-15	804.21E-18
11		140.22E-3	74.382E-3	5.1342E-3	135.31E-6	2.0247E-6	20.852E-9	164.68E-12	1.0666E-12	5.9219E-15
12		94.647E-3	105.99E-3	11.167E-3	395.77E-6	7.4409E-6	92.269E-9	852.23E-12	6.3194E-12	39.529E-15
13		52.42E-3	132.09E-3	21.647E-3	1.0412E-3	24.727E-6	370.49E-9	4.012E-9	34.125E-12	240.82E-15
14		23.589E-3	144.35E-3	37.572E-3	2.4765E-3	74.71E-6	1.3576E-6	17.28E-9	168.92E-12	1.3469E-12
15		8.492E-3	138.58E-3	58.613E-3	5.3493E-3	206.2E-6	4.5615E-6	68.43E-9	770.26E-12	6.9499E-12
16		2.3884E-3	116.92E-3	82.424E-3	10.532E-3	521.94E-6	14.112E-6	250.2E-9	3.2495E-9	33.229E-12
17		505.77E-6	86.661E-3	104.73E-3	18.957E-3	1.2158E-3	40.344E-6	847.73E-9	12.731E-9	147.77E-12
18		75.866E-6	56.33E-3	120.44E-3	31.279E-3	2.614E-3	106.91E-6	2.6703E-6	46.467E-9	613.26E-12
19		7.1873E-6	32.019E-3	125.51E-3	47.412E-3	5.2005E-3	263.34E-6	7.8424E-6	158.48E-9	2.382E-9
20		323.43E-9	15.849E-3	118.6E-3	66.139E-3	9.5949E-3	604.37E-6	21.527E-6	506.33E-9	8.6824E-9
21			6.7926E-3	101.66E-3	85.036E-3	16.448E-3	1.2951E-3	55.356E-6	1.519E-6	29.768E-9
22			2.5009E-3	79.018E-3	100.88E-3	26.243E-3	2.596E-3	133.61E-6	4.2877E-6	96.206E-9
23			782.9E-6	55.656E-3	110.53E-3	39.022E-3	4.8761E-3	303.24E-6	11.409E-6	293.64E-9
24			205.51E-6	35.481E-3	111.92E-3	54.142E-3	8.594E-3	648.16E-6	28.665E-6	847.88E-9

No.										
25			44.39E-6	20.437E-3	104.75E-3	70.169E-3	14.232E-3	1.3067E-3	68.108E-6	2.3198E-6
26			7.6829E-6	10.612E-3	90.652E-3	85.012E-3	22.169E-3	2.4878E-3	153.24E-6	6.0225E-6
27			1.0244E-6	4.9521E-3	72.521E-3	96.347E-3	32.514E-3	4.478E-3	326.92E-6	14.856E-6
28			98.781E-9	2.0693E-3	53.614E-3	102.2E-3	44.939E-3	7.6285E-3	662.01E-6	34.858E-6
29			6.1312E-9	770.62E-6	36.605E-3	101.49E-3	58.576E-3	12.311E-3	1.2738E-3	77.889E-6
30			183.94E-12	254.3E-6	23.061E-3	94.387E-3	72.048E-3	18.836E-3	2.3311E-3	165.9E-6
31				73.83E-6	13.39E-3	82.208E-3	83.669E-3	27.342E-3	4.0605E-3	337.16E-6
32				18.688E-6	7.1555E-3	67.051E-3	91.774E-3	37.681E-3	6.738E-3	654.3E-6
33				4.0774E-6	3.5127E-3	51.203E-3	95.112E-3	49.328E-3	10.658E-3	1.2134E-3
34				755.53E-9	1.5807E-3	36.595E-3	93.153E-3	61.369E-3	16.081E-3	2.152E-3
35				116.57E-9	650.35E-6	24.466E-3	86.233E-3	72.591E-3	23.157E-3	3.6523E-3
36				14.571E-9	243.88E-6	15.291E-3	75.454E-3	81.665E-3	31.841E-3	5.935E-3
37				1.4177E-9	83.052E-6	8.9269E-3	62.403E-3	87.404E-3	41.824E-3	9.2394E-3
38				100.73E-12	25.571E-6	4.8628E-3	48.773E-3	89.014E-3	52.5E-3	13.786E-3
39				4.6492E-12	7.0813E-6	2.4688E-3	36.017E-3	86.275E-3	63E-3	19.725E-3
40				104.61E-15	1.7526E-6	1.1665E-3	25.122E-3	79.588E-3	72.292E-3	27.072E-3
41					384.72E-9	512.13E-6	16.544E-3	69.883E-3	79.345E-3	35.656E-3
42					74.196E-9	208.51E-6	10.281E-3	58.402E-3	83.312E-3	45.08E-3
43					12.424E-9	78.555E-6	6.0249E-3	46.45E-3	83.7E-3	54.724E-3
44					1.7788E-9	27.316E-6	3.3274E-3	35.154E-3	80.466E-3	63.804E-3
45					213.46E-12	8.741E-6	1.7302E-3	25.311E-3	74.029E-3	71.46E-3
46					20.882E-12	2.5653E-6	846.32E-6	17.332E-3	65.178E-3	76.897E-3
47					1.5995E-12	687.72E-9	388.95E-6	11.285E-3	54.916E-3	79.515E-3
48					89.97E-15	167.63E-9	167.73E-6	6.9823E-3	44.276E-3	79.018E-3
49					3.305E-15	36.947E-9	67.778E-6	4.1039E-3	34.156E-3	75.47E-3
50					59.49E-18	7.3155E-9	25.62E-6	2.29E-3	25.207E-3	69.282E-3
51						1.291E-9	9.0423E-6	1.2123E-3	17.793E-3	61.131E-3
52						201.09E-12	2.9735E-6	608.5E-6	12.01E-3	51.844E-3
53						27.319E-12	908.89E-9	289.32E-6	7.75E-3	42.258E-3
54						3.1872E-12	257.52E-9	130.2E-6	4.7792E-3	33.102E-3
55						312.92E-15	67.423E-9	55.393E-6	2.8154E-3	24.917E-3
56						25.145E-15	16.254E-9	22.256E-6	1.5836E-3	18.02E-3
57						1.5881E-15	3.593E-9	8.4338E-6	850.17E-6	12.519E-3
58						73.93E-18	724.79E-12	3.01E-6	435.35E-6	8.3533E-3
59						2.2555E-18	132.67E-12	1.0101E-6	212.51E-6	5.3518E-3
60						33.833E-21	21.891E-12	318.19E-9	98.816E-6	3.2914E-3
61							3.2298E-12	93.893E-9	43.738E-6	1.9424E-3
62							421.96E-15	25.896E-9	18.412E-6	1.0997E-3
63							48.224E-15	6.6591E-9	7.365E-6	596.96E-6
64							4.7471E-15	1.5919E-9	2.7964E-6	310.61E-6
65							394.37E-18	352.67E-12	1.0067E-6	154.83E-6
66							26.889E-18	72.138E-12	343.19E-9	73.894E-6
67							1.4448E-18	13.566E-12	110.64E-9	33.749E-6
68							57.366E-21	2.3342E-12	33.68E-9	14.74E-6
69							1.4965E-21	365.35E-15	9.6648E-9	6.1524E-6
70							19.241E-24	51.671E-15	2.6095E-9	2.4522E-6
71								6.5499E-15	661.56E-12	932.52E-9
72								736.86E-18	157.12E-12	338.04E-9
73								72.676E-18	34.868E-12	116.69E-9

74								6.1873E-18	7.2092E-12	38.319E-9
75								445.49E-21	1.3842E-12	11.956E-9
76								26.378E-21	245.87E-15	3.5395E-9
77								1.2332E-21	40.234E-15	992.9E-12
78								42.689E-24	6.035E-15	263.5E-12
79								972.66E-27	825.04E-18	66.042E-12
80								10.942E-27	102.1E-18	15.602E-12
81									11.344E-18	3.4672E-12
82									1.1206E-18	723.04E-15
83									97.209E-21	141.12E-15
84									7.2906E-21	25.705E-15
85									463.17E-24	4.3547E-15
86									24.236E-24	683.58E-18
87									1.0029E-24	99.001E-18
88									30.769E-27	13.163E-18
89									622.3E-30	1.5973E-18
90									6.223E-30	175.7E-21
91										17.377E-21
92										1.5299E-21
93										118.45E-24
94										7.9384E-24
95										451.23E-27
96										21.152E-27
97										785.01E-30
98										21.628E-30
99										393.23E-33
100										3.5391E-33

Apuestas repetidas en color – ruleta europea

Después de cada giro, el suceso A puede ocurrir con la probabilidad $p = 18/37$ y no ocurrir con la probabilidad $q = 1 - p = 19/37$.

La probabilidad para que el suceso A ocurra exactamente m veces en n giros ($m \leq n$) se obtiene de la fórmula:

$$P(B_m) = C_n^m \left(\frac{18}{37}\right)^m \left(\frac{19}{37}\right)^{n-m}$$

La siguiente tabla anota los rendimientos numéricos de esta fórmula para incrementar n desde 10 hasta 100 giros en incrementos de 10.

$m \backslash n$	10	20	30	40	50	60	70	80	90	100
1	12.079E-3	30.803E-6	58.911E-9	100.15E-12	159.62E-15	244.22E-18	363.29E-21	529.37E-24	759.33E-27	1.0757E-27
2	51.495E-3	277.22E-6	809.25E-9	1.8502E-9	3.7048E-12	6.8253E-15	11.874E-18	19.81E-21	32.012E-24	50.446E-27
3	130.09E-3	1.5758E-3	7.1555E-6	22.202E-9	56.157E-12	125.01E-15	254.97E-18	487.94E-21	889.59E-24	1.5612E-24
4	215.68E-3	6.3446E-3	45.757E-6	194.56E-9	625.12E-12	1.6877E-12	4.046E-15	8.8985E-18	18.33E-21	35.866E-24
5	245.2E-3	19.234E-3	225.42E-6	1.3271E-6	5.4484E-9	17.907E-12	50.596E-15	128.14E-18	298.69E-21	652.39E-24
6	193.58E-3	45.555E-3	889.8E-6	7.3339E-6	38.712E-9	155.51E-12	519.28E-15	1.5174E-15	4.0087E-18	9.7858E-21
7	104.79E-3	86.314E-3	2.8902E-3	33.747E-6	230.53E-9	1.1365E-9	4.4978E-12	15.197E-15	45.572E-18	124.49E-21
8	37.229E-3	132.88E-3	7.8719E-3	131.88E-6	1.1739E-6	7.133E-9	33.556E-12	131.37E-15	447.93E-18	1.3711E-18
9	7.8377E-3	167.85E-3	18.23E-3	444.23E-6	5.1898E-6	39.044E-9	219E-12	995.68E-15	3.8663E-15	13.278E-18
10	742.52E-6	174.91E-3	36.268E-3	1.3046E-3	20.158E-6	188.64E-9	1.2656E-9	6.6973E-12	29.669E-15	114.47E-18
11		150.64E-3	62.47E-3	3.3708E-3	69.444E-6	812.33E-9	6.5398E-9	40.376E-12	204.42E-15	887.26E-18
12		107.04E-3	93.706E-3	7.7174E-3	213.81E-6	3.1425E-6	30.462E-9	219.94E-12	1.2749E-12	6.2342E-15
13		62.402E-3	122.92E-3	15.747E-3	592.1E-6	10.992E-6	128.75E-9	1.0899E-9	7.2469E-12	39.979E-15
14		29.559E-3	141.4E-3	28.771E-3	1.4825E-3	34.96E-6	496.62E-9	4.9415E-9	37.76E-12	235.37E-15
15		11.201E-3	142.89E-3	47.245E-3	3.3707E-3	101.57E-6	1.7565E-6	20.598E-9	181.25E-12	1.2784E-12
16		3.3161E-3	126.91E-3	69.935E-3	6.9853E-3	270.63E-6	5.7201E-6	79.276E-9	804.89E-12	6.4341E-12
17		739.2E-6	99.012E-3	93.536E-3	13.235E-3	663.58E-6	17.213E-6	282.74E-9	3.3192E-9	30.119E-12
18		116.72E-6	67.745E-3	113.23E-3	22.988E-3	1.5018E-3	48.016E-6	937.52E-9	12.753E-9	131.57E-12
19		11.639E-6	40.535E-3	124.21E-3	36.678E-3	3.145E-3	124.5E-6	2.8983E-6	45.783E-9	537.95E-12
20		551.34E-9	21.121E-3	123.55E-3	53.859E-3	6.108E-3	300.76E-6	8.3745E-6	153.98E-9	2.064E-9
21			9.5281E-3	111.48E-3	72.893E-3	11.022E-3	678.4E-6	22.668E-6	486.24E-9	7.4491E-9
22			3.6927E-3	91.207E-3	91.028E-3	18.51E-3	1.4315E-3	57.591E-6	1.4448E-6	25.341E-9
23			1.2168E-3	67.623E-3	104.98E-3	28.973E-3	2.8301E-3	137.59E-6	4.0467E-6	81.417E-9
24			336.23E-6	45.378E-3	111.89E-3	42.316E-3	5.2507E-3	309.57E-6	10.702E-6	247.47E-9

#											
25				76.447E-6	27.514E-3	110.24E-3	57.727E-3	9.1527E-3	656.94E-6	26.767E-6	712.7E-9
26				13.928E-6	15.038E-3	100.42E-3	73.62E-3	15.008E-3	1.3165E-3	63.396E-6	1.9477E-6
27				1.9548E-6	7.387E-3	84.567E-3	87.827E-3	23.17E-3	2.4945E-3	142.36E-6	5.0571E-6
28				198.42E-9	3.2492E-3	65.81E-3	98.063E-3	33.709E-3	4.4732E-3	303.46E-6	12.491E-6
29				12.964E-9	1.2737E-3	47.297E-3	102.51E-3	46.251E-3	7.5988E-3	614.62E-6	29.379E-6
30				409.38E-12	442.45E-6	31.365E-3	100.35E-3	59.882E-3	12.238E-3	1.184E-3	65.871E-6
31					135.21E-6	19.171E-3	92.005E-3	73.201E-3	18.7E-3	2.1709E-3	140.91E-6
32					36.027E-6	10.784E-3	78.991E-3	84.518E-3	27.127E-3	3.792E-3	287.85E-6
33					8.2742E-6	5.5723E-3	63.495E-3	92.201E-3	37.381E-3	6.3139E-3	561.93E-6
34					1.6139E-6	2.6395E-3	47.769E-3	95.056E-3	48.954E-3	10.028E-3	1.049E-3
35					262.1E-9	1.1431E-3	33.618E-3	92.626E-3	60.953E-3	15.2E-3	1.8741E-3
36					34.487E-9	451.24E-6	22.117E-3	85.313E-3	72.181E-3	22E-3	3.2057E-3
37					3.5321E-9	161.75E-6	13.591E-3	74.27E-3	81.319E-3	30.419E-3	5.2531E-3
38					264.17E-12	52.424E-6	7.7933E-3	61.103E-3	87.176E-3	40.193E-3	8.2507E-3
39					12.834E-12	15.281E-6	4.1648E-3	47.497E-3	88.941E-3	50.771E-3	12.426E-3
40					303.97E-15	3.9812E-6	2.0714E-3	34.873E-3	86.366E-3	61.325E-3	17.953E-3
41						919.92E-9	957.28E-6	24.174E-3	79.825E-3	70.851E-3	24.889E-3
42						186.75E-9	410.26E-6	15.813E-3	70.222E-3	78.309E-3	33.123E-3
43						32.916E-9	162.7E-6	9.7548E-3	58.791E-3	82.814E-3	42.327E-3
44						4.961E-9	59.553E-6	5.6709E-3	46.835E-3	83.805E-3	51.946E-3
45						626.65E-12	20.06E-6	3.1041E-3	35.496E-3	81.158E-3	61.242E-3
46						64.529E-12	6.197E-6	1.5982E-3	25.587E-3	75.215E-3	69.37E-3
47						5.2028E-12	1.7488E-6	773.15E-6	17.535E-3	66.708E-3	75.507E-3
48						308.06E-15	448.69E-9	350.97E-6	11.421E-3	56.614E-3	78.984E-3
49						11.912E-15	104.1E-9	149.28E-6	7.0661E-3	45.972E-3	79.409E-3
50						225.7E-18	21.697E-9	59.399E-6	4.1504E-3	35.713E-3	76.734E-3
51							4.0304E-9	22.068E-6	2.3129E-3	26.536E-3	71.27E-3
52							660.85E-12	7.6389E-6	1.222E-3	18.855E-3	63.623E-3
53							94.501E-12	2.4578E-6	611.61E-6	12.807E-3	54.589E-3
54							11.605E-12	733.03E-9	289.71E-6	8.3133E-3	45.012E-3
55							1.1994E-12	202.02E-9	129.75E-6	5.155E-3	35.665E-3
56							101.45E-15	51.265E-9	54.873E-6	3.0523E-3	27.151E-3
57							6.7448E-15	11.929E-9	21.889E-6	1.7249E-3	19.855E-3
58							330.51E-18	2.5329E-9	8.2231E-6	929.73E-6	13.946E-3
59							10.614E-18	488.06E-12	2.9049E-6	477.72E-6	9.4049E-3
60							167.59E-21	84.768E-12	963.19E-9	233.83E-6	6.0884E-3
61								13.165E-12	299.18E-9	108.95E-6	3.7823E-3
62								1.8105E-12	86.859E-9	48.277E-6	2.254E-3
63								217.8E-15	23.511E-9	20.327E-6	1.288E-3
64								22.568E-15	5.9163E-9	8.1242E-6	705.42E-6
65								1.9736E-15	1.3797E-9	3.0786E-6	370.13E-6
66								141.64E-18	297.06E-12	1.1048E-6	185.95E-6
67								8.0113E-18	58.805E-12	374.91E-9	89.397E-6
68								334.84E-21	10.65E-12	120.13E-9	41.101E-6
69								9.1946E-21	1.7548E-12	36.288E-9	18.058E-6
70								124.44E-24	261.24E-15	10.313E-9	7.5762E-6
71									34.857E-15	2.7523E-9	3.0327E-6
72									4.1278E-15	688.06E-12	1.1572E-6
73									428.56E-18	160.73E-12	420.5E-9

74									38.406E-18	34.981E-12	145.35E-9
75									2.9107E-18	7.0699E-12	47.737E-9
76									181.42E-21	1.3219E-12	14.876E-9
77									8.9282E-21	227.7E-15	4.3928E-9
78									325.32E-24	35.953E-15	1.2271E-9
79									7.8025E-24	5.1737E-15	323.75E-12
80									92.398E-27	673.95E-18	80.51E-12
81										78.824E-18	18.833E-12
82										8.1961E-18	4.134E-12
83										748.41E-21	849.35E-15
84										59.085E-21	162.85E-15
85										3.9512E-21	29.04E-15
86										217.63E-24	4.7985E-15
87										9.4793E-24	731.53E-18
88										306.15E-27	102.38E-18
89										6.5177E-27	13.078E-18
90										68.607E-30	1.5142E-18
91											157.64E-21
92											14.61E-21
93											1.1906E-21
94											83.996E-24
95											5.0258E-24
96											247.98E-27
97											9.6879E-27
98											280.96E-30
99											5.3772E-30
100											50.942E-33

Observación:

Las mismas tablas también son ciertas para las apuestas repetidas en Altos/Bajos o Impar/Par porque existen idénticas probabilidades implicadas.

Apuestas repetidas en columna – ruleta americana

Suponga que colocamos una apuesta en columna. Denotamos con A el suceso *cuando un número de la columna que se eligió aparece*.

Después de cada giro, el suceso A puede ocurrir con la probabilidad de $p = 12/38 = 6/19$ y no ocurrirá con la probabilidad de $q = 1 - p = 13/19$.

La probabilidad para que el suceso A ocurra exactamente m veces en n giros ($m \leq n$) se obtiene de la fórmula:

$$P(B_m) = C_n^m \left(\frac{6}{19}\right)^m \left(\frac{13}{19}\right)^{n-m}$$

La siguiente tabla anota los rendimientos numéricos de esta fórmula para incrementar n desde 10 hasta 100 giros en incrementos de 10.

n / m	10	20	30	40	50	60	70	80	90	100
1	103.78E-3	4.6669E-3	157.41E-6	4.7191E-6	132.64E-9	3.5789E-9	93.883E-12	2.4126E-12	61.028E-15	1.5247E-15
2	215.54E-3	20.463E-3	1.0534E-3	42.472E-6	1.4998E-6	48.728E-9	1.4949E-9	43.983E-12	1.2534E-12	34.833E-15
3	265.28E-3	56.666E-3	4.5378E-3	248.3E-6	11.076E-6	434.8E-9	15.639E-9	527.79E-12	16.969E-12	525.18E-15
4	214.26E-3	111.15E-3	14.137E-3	1.06E-3	60.064E-6	2.8596E-6	120.9E-9	4.6892E-9	170.35E-12	5.878E-12
5	118.67E-3	164.16E-3	33.929E-3	3.5226E-3	255.04E-6	14.782E-6	736.57E-9	32.897E-9	1.3523E-9	52.088E-12
6	45.642E-3	189.42E-3	65.247E-3	9.4839E-3	882.83E-6	62.54E-6	3.6829E-6	189.79E-9	8.8419E-9	380.64E-12
7	12.037E-3	174.85E-3	103.25E-3	21.261E-3	2.5612E-3	222.67E-6	15.541E-6	926.01E-9	48.97E-9	2.3592E-9
8	2.0834E-3	131.14E-3	137E-3	40.477E-3	6.3537E-3	680.85E-6	56.485E-6	3.8999E-6	234.49E-9	12.658E-9
9	213.68E-6	80.7E-3	154.57E-3	66.423E-3	13.685E-3	1.8156E-3	179.59E-6	14.4E-6	986.07E-9	59.719E-9
10	9.8623E-6	40.971E-3	149.81E-3	95.037E-3	25.896E-3	4.2737E-3	505.63E-6	47.187E-6	3.6864E-6	250.82E-9
11		17.19E-3	125.72E-3	119.63E-3	43.462E-3	8.9657E-3	1.2729E-3	138.59E-6	12.374E-6	947.15E-9
12		5.9505E-3	91.869E-3	133.43E-3	65.193E-3	16.897E-3	2.8885E-3	367.8E-6	37.598E-6	3.2422E-6
13		1.6901E-3	58.709E-3	132.64E-3	87.952E-3	28.795E-3	5.9479E-3	887.94E-6	104.12E-6	10.129E-6
14		390.02E-6	32.903E-3	118.06E-3	107.28E-3	44.616E-3	11.177E-3	1.9613E-3	264.3E-6	29.052E-6
15		72.004E-6	16.198E-3	94.451E-3	118.84E-3	63.149E-3	19.259E-3	3.9829E-3	618.05E-6	76.877E-6
16		10.385E-6	7.0089E-3	68.114E-3	119.98E-3	81.972E-3	30.555E-3	7.4679E-3	1.3371E-3	188.5E-6
17		1.1278E-6	2.664E-3	44.382E-3	110.75E-3	97.922E-3	44.795E-3	12.976E-3	2.6863E-3	429.87E-6
18		86.754E-9	888.01E-6	26.174E-3	93.711E-3	107.96E-3	60.875E-3	20.961E-3	5.0283E-3	914.86E-6
19		4.2148E-9	258.85E-6	13.988E-3	72.844E-3	110.15E-3	76.895E-3	31.569E-3	8.7944E-3	1.8223E-3
20		97.264E-12	65.709E-6	6.7787E-3	52.112E-3	104.22E-3	90.499E-3	44.439E-3	14.409E-3	3.4063E-3
21			14.441E-6	2.9796E-3	34.359E-3	91.621E-3	99.45E-3	58.601E-3	22.168E-3	5.9891E-3
22			2.7267E-6	1.1877E-3	20.904E-3	74.963E-3	102.23E-3	72.534E-3	32.089E-3	9.926E-3

#										
23			437.73E-9	429E-6	11.745E-3	57.162E-3	98.471E-3	84.421E-3	43.788E-3	15.536E-3
24			58.926E-9	140.25E-6	6.0986E-3	40.673E-3	89.002E-3	92.539E-3	56.419E-3	23.006E-3
25			6.5271E-9	41.427E-6	2.9273E-3	27.032E-3	75.584E-3	95.671E-3	68.744E-3	32.279E-3
26			579.33E-12	11.031E-6	1.2991E-3	16.795E-3	60.377E-3	93.406E-3	79.32E-3	42.975E-3
27			39.612E-12	2.6399E-6	532.96E-6	9.7612E-3	45.412E-3	86.221E-3	86.777E-3	54.361E-3
28			1.9589E-12	565.69E-9	202.06E-6	5.3097E-3	32.188E-3	75.325E-3	90.115E-3	65.413E-3
29			62.351E-15	108.04E-9	70.747E-6	2.7041E-3	21.515E-3	62.338E-3	88.92E-3	74.956E-3
30			959.24E-18	18.283E-9	22.857E-6	1.2897E-3	13.571E-3	48.911E-3	83.448E-3	81.875E-3
31				2.722E-9	6.806E-6	576.03E-6	8.0821E-3	36.41E-3	74.544E-3	85.329E-3
32				353.34E-12	1.8651E-6	240.94E-6	4.5462E-3	25.732E-3	63.434E-3	84.918E-3
33				39.535E-12	469.54E-9	94.352E-6	2.4162E-3	17.275E-3	51.457E-3	80.762E-3
34				3.7567E-12	108.35E-9	34.582E-6	1.2135E-3	11.022E-3	39.815E-3	73.453E-3
35				297.23E-15	22.862E-9	11.857E-6	576.1E-6	6.6856E-3	29.402E-3	63.928E-3
36				19.053E-15	4.3965E-9	3.8002E-6	258.51E-6	3.8571E-3	20.732E-3	53.273E-3
37				950.69E-18	767.78E-12	1.1377E-6	109.64E-6	2.117E-3	13.965E-3	42.53E-3
38				34.641E-18	121.23E-12	317.81E-9	43.944E-6	1.1056E-3	8.9897E-3	32.543E-3
39				819.89E-21	17.216E-12	82.744E-9	16.641E-6	549.54E-6	5.5321E-3	23.878E-3
40				9.4603E-21	2.1851E-12	20.05E-9	5.9525E-6	259.98E-6	3.2554E-3	16.806E-3
41					245.98E-15	4.514E-9	2.0102E-6	117.06E-6	1.8323E-3	11.351E-3
42					24.327E-15	942.48E-12	640.62E-9	50.17E-6	986.64E-6	7.3597E-3
43					2.0889E-15	182.09E-12	192.53E-9	20.463E-6	508.32E-6	4.5817E-3
44					153.38E-18	32.47E-12	54.528E-9	7.9418E-6	250.61E-6	2.7394E-3
45					9.439E-18	5.3285E-12	14.541E-9	2.9324E-6	118.23E-6	1.5734E-3
46					473.53E-21	801.95E-15	3.6473E-9	1.0298E-6	53.384E-6	868.27E-6
47					18.6E-21	110.25E-15	859.6E-12	343.82E-9	23.066E-6	460.42E-6
48					536.54E-24	13.781E-15	190.1E-12	109.1E-9	9.5369E-6	234.64E-6
49					10.108E-24	1.5577E-15	39.394E-12	32.883E-9	3.7728E-6	114.93E-6
50					93.3E-27	158.17E-18	7.6363E-12	9.4095E-9	1.4279E-6	54.103E-6
51						14.314E-18	1.3821E-12	2.5546E-9	516.88E-9	24.481E-6
52						1.1434E-18	233.08E-15	657.55E-12	178.92E-9	10.647E-6
53						79.657E-21	36.535E-15	160.33E-12	59.207E-9	4.4505E-6
54						4.7658E-21	5.3086E-15	37E-12	18.723E-9	1.7878E-6
55						239.96E-24	712.76E-18	8.0726E-12	5.6563E-9	690.11E-9
56						9.8883E-24	88.116E-18	1.6633E-12	1.6316E-9	255.95E-9
57						320.27E-27	9.9888E-18	323.24E-15	449.19E-12	91.188E-9
58						7.6457E-27	1.0333E-18	59.16E-15	117.96E-12	31.202E-9
59						119.62E-30	97.001E-21	10.181E-15	29.528E-12	10.252E-9
60						920.15E-33	8.2077E-21	1.6447E-15	7.0413E-12	3.2332E-9
61							621.01E-24	248.88E-18	1.5983E-12	978.52E-12
62							41.606E-24	35.201E-18	345.04E-15	284.09E-12
63							2.4385E-24	4.6419E-18	70.777E-15	79.087E-12
64							123.1E-27	569.08E-21	13.781E-15	21.102E-12
65							5.2443E-27	64.653E-21	2.5442E-15	5.3942E-12
66							183.37E-30	6.7818E-21	444.79E-18	1.3203E-12
67							5.0526E-30	654.05E-24	73.536E-18	309.22E-15
68							102.88E-33	57.71E-24	11.48E-18	69.261E-15

69							1.3763E-33	4.6322E-24	1.6893E-18	14.825E-15
70							9.0748E-36	335.96E-27	233.9E-21	3.0302E-15
71								21.839E-27	30.41E-21	590.93E-18
72								1.26E-27	3.7038E-21	109.85E-18
73								63.729E-30	421.5E-24	19.447E-18
74								2.7823E-30	44.692E-24	3.2749E-18
75								102.73E-33	4.4004E-24	523.98E-21
76								3.1194E-33	400.85E-27	79.551E-21
77								74.791E-36	33.638E-27	11.444E-21
78								1.3276E-36	2.5875E-27	1.5575E-21
79								15.513E-39	181.4E-30	200.18E-24
80								89.498E-42	11.512E-30	24.253E-24
81									655.96E-33	2.7638E-24
82									33.229E-33	295.57E-27
83									1.4782E-33	29.584E-27
84									56.854E-36	2.7634E-27
85									1.8523E-36	240.08E-30
86									49.703E-39	19.326E-30
87									1.0547E-39	1.4354E-30
88									16.595E-42	97.866E-33
89									172.12E-45	6.0902E-33
90									882.65E-48	343.55E-36
91										17.424E-36
92										786.72E-39
93										31.235E-39
94										1.0735E-39
95										31.293E-42
96										752.24E-45
97										14.317E-45
98										202.28E-48
99										1.8861E-48
100										8.7049E-51

Apuestas repetidas en columna – ruleta europea

Después de cada giro, el suceso A puede ocurrir con la probabilidad de $p = 12/37$ y no ocurrir con la probabilidad $q = 1 - p = 15/37$.

La probabilidad para que el suceso A ocurra exactamente m veces en n giros ($m \leq n$) se obtiene de la fórmula:

$$P(B_m) = C_n^m \left(\frac{12}{37}\right)^m \left(\frac{15}{37}\right)^{n-m}$$

La siguiente tabla anota los rendimientos numéricos de esta fórmula para incrementar n desde 10 hasta 100 giros en incrementos de 10.

m \ n	10	20	30	40	50	60	70	80	90	100
1	95.197E-3	3.776E-3	112.33E-6	2.9705E-6	73.642E-9	1.7526E-9	40.553E-12	919.17E-15	20.508E-15	451.93E-18
2	205.63E-3	17.219E-3	781.84E-6	27.804E-6	866.03E-9	24.817E-9	671.55E-12	17.427E-12	438.06E-15	10.738E-15
3	263.2E-3	49.59E-3	3.5027E-3	169.05E-6	6.6511E-6	230.3E-9	7.3065E-9	217.49E-12	6.1678E-12	168.37E-15
4	221.09E-3	101.16E-3	11.349E-3	750.58E-6	37.512E-6	1.5753E-6	58.744E-9	2.0096E-9	64.392E-12	1.9598E-12
5	127.35E-3	155.39E-3	28.326E-3	2.594E-3	165.65E-6	8.4687E-6	372.2E-9	14.662E-9	531.62E-12	18.062E-12
6	50.939E-3	186.46E-3	56.652E-3	7.2632E-3	596.35E-6	37.262E-6	1.9355E-6	87.974E-9	3.615E-9	137.27E-12
7	13.972E-3	179.01E-3	93.234E-3	16.934E-3	1.7993E-3	137.98E-6	8.4939E-6	446.41E-9	20.823E-9	884.79E-12
8	2.5149E-3	139.62E-3	128.66E-3	33.528E-3	4.6422E-3	438.77E-6	32.107E-6	1.9553E-6	103.7E-9	4.9372E-9
9	268.26E-6	89.36E-3	150.96E-3	57.222E-3	10.398E-3	1.2168E-3	106.17E-6	7.5082E-6	453.5E-9	24.225E-9
10	12.876E-6	47.182E-3	152.17E-3	85.146E-3	20.464E-3	2.9788E-3	310.86E-6	25.588E-6	1.7632E-6	105.81E-9
11		20.589E-3	132.8E-3	111.46E-3	35.719E-3	6.4993E-3	813.88E-6	78.159E-6	6.1552E-6	415.56E-9
12		7.4119E-3	100.93E-3	129.3E-3	55.722E-3	12.739E-3	1.9208E-3	215.72E-6	19.45E-6	1.4794E-6
13		2.1894E-3	67.08E-3	133.67E-3	78.182E-3	22.577E-3	4.1134E-3	541.62E-6	56.017E-6	4.8069E-6
14		525.44E-6	39.098E-3	123.74E-3	99.18E-3	36.381E-3	8.0387E-3	1.2442E-3	147.89E-6	14.338E-6
15		100.89E-6	20.018E-3	102.96E-3	114.26E-3	53.552E-3	14.405E-3	2.6277E-3	359.66E-6	39.459E-6
16		15.133E-6	9.0083E-3	77.217E-3	119.97E-3	72.296E-3	23.769E-3	5.1241E-3	809.23E-6	100.62E-6
17		1.7091E-6	3.5609E-3	52.326E-3	115.17E-3	89.817E-3	36.24E-3	9.2595E-3	1.6908E-3	238.65E-6
18		136.73E-9	1.2344E-3	32.093E-3	101.35E-3	102.99E-3	51.22E-3	15.556E-3	3.2914E-3	528.21E-6
19		6.9084E-9	374.23E-6	17.837E-3	81.933E-3	109.28E-3	67.287E-3	24.365E-3	5.987E-3	1.0942E-3
20		165.8E-12	98.797E-6	8.9898E-3	60.958E-3	107.53E-3	82.359E-3	35.671E-3	10.202E-3	2.1272E-3
21			22.582E-6	4.1096E-3	41.8E-3	98.313E-3	94.124E-3	48.92E-3	16.323E-3	3.8897E-3
22			4.4343E-6	1.7036E-3	26.448E-3	83.655E-3	100.63E-3	62.974E-3	24.573E-3	6.7044E-3
23			740.34E-9	639.97E-6	15.455E-3	66.342E-3	100.8E-3	76.226E-3	34.873E-3	10.914E-3
24			103.65E-9	217.59E-6	8.3455E-3	49.093E-3	94.754E-3	86.897E-3	46.73E-3	16.807E-3
25			11.94E-9	66.844E-6	4.1661E-3	33.933E-3	83.687E-3	93.432E-3	59.216E-3	24.525E-3
26			1.1022E-9	18.511E-6	1.9228E-3	21.926E-3	69.525E-3	94.869E-3	71.059E-3	33.957E-3
27			78.377E-12	4.6071E-6	820.4E-6	13.253E-3	54.384E-3	91.075E-3	80.849E-3	44.673E-3
28			4.0308E-12	1.0267E-6	323.47E-6	7.4975E-3	40.089E-3	82.748E-3	87.317E-3	55.905E-3

No.										
29			133.43E-15	203.93E-9	117.79E-6	3.9711E-3	27.868E-3	71.22E-3	89.605E-3	66.623E-3
30			2.1349E-15	35.891E-9	39.577E-6	1.9696E-3	18.282E-3	58.116E-3	87.455E-3	75.684E-3
31				5.5574E-9	12.256E-6	914.93E-6	11.323E-3	44.993E-3	81.248E-3	82.032E-3
32				750.25E-12	3.493E-6	398E-6	6.6239E-3	33.07E-3	71.905E-3	84.903E-3
33				87.301E-12	914.53E-9	162.09E-6	3.6612E-3	23.089E-3	60.661E-3	83.977E-3
34				8.6274E-12	219.49E-9	61.786E-6	1.9124E-3	15.32E-3	48.815E-3	79.432E-3
35				709.91E-15	48.162E-9	22.031E-6	944.2E-6	9.6647E-3	37.49E-3	71.897E-3
36				47.328E-15	9.6323E-9	7.3437E-6	440.63E-6	5.7988E-3	27.492E-3	62.311E-3
37				2.4559E-15	1.7494E-9	2.2865E-6	194.35E-6	3.31E-3	19.26E-3	51.735E-3
38				93.066E-18	287.28E-12	664.28E-9	81.014E-6	1.7979E-3	12.894E-3	41.17E-3
39				2.2909E-18	42.428E-12	179.87E-6	31.907E-6	929.36E-6	8.252E-3	31.416E-3
40				27.49E-21	5.6005E-12	45.326E-9	11.869E-6	457.25E-6	5.0502E-3	22.996E-3
41					655.67E-15	10.613E-9	4.1688E-6	214.12E-6	2.9562E-3	16.154E-3
42					67.441E-15	2.3045E-9	1.3816E-6	95.439E-6	1.6555E-3	10.892E-3
43					6.0226E-15	463.05E-12	431.85E-9	40.484E-6	887.03E-6	7.052E-3
44					459.91E-18	85.875E-12	127.2E-9	16.341E-6	454.81E-6	4.3851E-3
45					29.434E-18	14.656E-12	35.276E-9	6.2748E-6	223.16E-6	2.6194E-3
46					1.5357E-18	2.294E-12	9.2025E-9	2.2917E-6	104.79E-6	1.5033E-3
47					62.735E-21	327.99E-15	2.2556E-9	795.75E-9	47.087E-6	829.05E-6
48					1.882E-21	42.639E-15	518.79E-12	262.6E-9	20.248E-6	439.39E-6
49					36.873E-24	5.0122E-15	111.8E-12	82.316E-9	8.3304E-6	223.82E-6
50					353.98E-27	529.29E-18	22.54E-12	24.497E-9	3.2789E-6	109.58E-6
51						49.816E-18	4.2428E-12	6.9169E-9	1.2344E-6	51.569E-6
52						4.1385E-18	744.11E-15	1.8516E-9	444.38E-9	23.325E-6
53						299.85E-21	121.3E-15	469.54E-12	152.93E-9	10.14E-6
54						18.657E-21	18.33E-15	112.69E-12	50.299E-9	4.2361E-6
55						976.96E-24	2.5596E-15	25.57E-12	15.803E-9	1.7006E-6
56						41.87E-24	329.09E-18	5.4793E-12	4.7409E-9	655.95E-9
57						1.4104E-24	38.798E-18	1.1074E-12	1.3574E-9	243.05E-9
58						35.016E-27	4.1742E-18	210.79E-15	370.71E-12	86.492E-9
59						569.75E-30	407.51E-21	37.727E-15	96.509E-12	29.554E-9
60						4.558E-30	35.861E-21	6.3382E-15	23.934E-12	9.6936E-9
61							2.8218E-21	997.49E-18	5.6501E-12	3.0511E-9
62							196.62E-24	146.73E-18	1.2685E-12	921.24E-12
63							11.984E-24	20.123E-18	270.62E-15	266.72E-12
64							629.18E-27	2.5656E-18	54.801E-15	74.015E-12
65							27.878E-27	303.14E-21	10.522E-15	19.677E-12
66							1.0137E-27	33.07E-21	1.913E-15	5.0086E-12
67							29.05E-30	3.3168E-21	328.93E-18	1.22E-12
68							615.18E-33	304.37E-24	53.402E-18	284.19E-15
69							8.559E-33	25.408E-24	8.1729E-18	63.263E-15
70							58.69E-36	1.9165E-24	1.1769E-18	13.448E-15
71								129.57E-27	159.13E-21	2.7275E-15
72								7.774E-27	20.156E-21	527.31E-18
73								408.93E-30	2.3856E-21	97.082E-18

74									$18.568E-30$	$263.06E-24$	$17.003E-18$
75									$713E-33$	$26.938E-24$	$2.8292E-18$
76									$22.516E-33$	$2.552E-24$	$446.72E-21$
77									$561.43E-36$	$222.72E-27$	$66.834E-21$
78									$10.365E-36$	$17.818E-27$	$9.4596E-21$
79									$125.95E-39$	$1.2991E-27$	$1.2645E-21$
80									$755.72E-42$	$85.741E-30$	$159.32E-24$
81										$5.081E-30$	$18.883E-24$
82										$267.68E-33$	$2.1001E-24$
83										$12.384E-33$	$218.62E-27$
84										$495.37E-36$	$21.237E-27$
85										$16.784E-36$	$1.9188E-27$
86										$468.4E-39$	$160.65E-30$
87										$10.337E-39$	$12.408E-30$
88										$169.15E-42$	$879.87E-33$
89										$1.8246E-42$	$56.945E-33$
90										$9.731E-45$	$3.3408E-33$
91											$176.22E-36$
92											$8.2745E-36$
93											$341.66E-39$
94											$12.212E-39$
95											$370.23E-42$
96											$9.2557E-42$
97											$183.21E-45$
98											$2.692E-45$
99											$26.104E-48$
100											$125.3E-51$

Observación:

Las mismas tablas también son ciertas para las apuestas repetidas en docenas porque existen idénticas probabilidades involucradas.

Apuestas repetidas en línea – ruleta americana

Suponga que colocamos una apuesta en línea. Denotamos con A el suceso *cuando un número de la línea que se eligió aparece.*

Después de cada giro, el suceso A puede ocurrir con la probabilidad de $p = 6/38 = 3/19$ y no ocurrirá con la probabilidad de $q = 1 - p = 16/19$.

La probabilidad para que el suceso A ocurra exactamente m veces en n giros ($m \leq n$) se obtiene de la fórmula:

$$P(B_m) = C_n^m \left(\frac{3}{19}\right)^m \left(\frac{16}{19}\right)^{n-m}$$

La siguiente tabla anota los rendimientos numéricos de esta fórmula para incrementar n desde 10 hasta 100 giros en incrementos de 10.

m \ n	10	20	30	40	50	60	70	80	90	100
1	336.25E-3	120.6E-3	32.442E-3	7.7574E-3	1.739E-3	374.23E-6	78.297E-6	16.047E-6	3.2376E-6	645.12E-9
2	283.71E-3	214.82E-3	88.203E-3	28.363E-3	7.9884E-3	2.0699E-3	506.48E-6	118.85E-6	27.013E-6	5.9875E-6
3	141.86E-3	241.68E-3	154.36E-3	67.362E-3	23.965E-3	7.5035E-3	2.1526E-3	579.4E-6	148.57E-6	36.673E-6
4	46.547E-3	192.59E-3	195.36E-3	116.83E-3	52.798E-3	20.049E-3	6.7604E-3	2.0913E-3	605.9E-6	166.75E-6
5	10.473E-3	115.55E-3	190.47E-3	157.72E-3	91.077E-3	42.102E-3	16.732E-3	5.9601E-3	1.954E-3	600.3E-6
6	1.6364E-3	54.165E-3	148.81E-3	172.51E-3	128.08E-3	72.363E-3	33.987E-3	13.969E-3	5.1904E-3	1.7821E-3
7	175.33E-6	20.312E-3	95.661E-3	157.11E-3	150.95E-3	104.67E-3	58.263E-3	27.688E-3	11.678E-3	4.4872E-3
8	12.328E-6	6.1888E-3	51.567E-3	121.51E-3	152.13E-3	130.02E-3	86.029E-3	47.373E-3	22.718E-3	9.7806E-3
9	513.66E-9	1.5472E-3	23.635E-3	81.008E-3	133.11E-3	140.85E-3	111.12E-3	71.06E-3	38.81E-3	18.746E-3
10	9.6311E-6	319.11E-6	9.3063E-3	47.086E-3	102.33E-3	134.69E-3	127.09E-3	94.598E-3	58.943E-3	31.986E-3
11		54.394E-6	3.1726E-3	24.078E-3	69.77E-3	114.79E-3	129.98E-3	112.87E-3	80.377E-3	49.069E-3
12		7.6491E-6	941.87E-6	10.91E-3	42.516E-3	87.888E-3	119.83E-3	121.69E-3	99.215E-3	68.237E-3
13		882.59E-9	244.52E-6	4.4061E-3	23.302E-3	60.845E-3	100.24E-3	119.35E-3	111.62E-3	86.608E-3
14		82.743E-9	55.673E-6	1.5933E-3	11.547E-3	38.3E-3	76.523E-3	107.1E-3	115.11E-3	100.91E-3
15		6.2057E-9	11.135E-6	517.81E-6	5.1961E-3	22.022E-3	53.566E-3	88.354E-3	109.35E-3	108.48E-3
16		363.61E-12	1.9572E-6	151.7E-6	2.1312E-3	11.613E-3	34.525E-3	67.301E-3	96.108E-3	108.06E-3
17		16.042E-12	302.22E-9	40.157E-6	799.21E-6	5.6359E-3	20.563E-3	47.507E-3	78.441E-3	100.11E-3
18		501.31E-15	40.926E-9	9.6209E-6	274.73E-6	2.5244E-3	11.352E-3	31.176E-3	59.648E-3	86.556E-3
19		9.8942E-15	4.8465E-9	2.0887E-6	86.756E-6	1.0463E-3	5.8255E-3	19.075E-3	42.381E-3	70.042E-3
20		92.758E-18	499.79E-12	411.22E-9	25.214E-6	402.17E-6	2.7853E-3	10.908E-3	28.21E-3	53.188E-3
21			44.624E-12	73.433E-9	6.7536E-6	143.63E-6	1.2435E-3	5.8438E-3	17.631E-3	37.992E-3
22			3.4229E-12	11.891E-9	1.6692E-6	47.742E-6	519.28E-6	2.9385E-3	10.368E-3	25.58E-3

23				223.23E-15	1.7449E-9	381.02E-9	14.79E-6	203.2E-6	1.3894E-3	5.7477E-3	16.265E-3
24				12.208E-15	231.74E-12	80.371E-9	4.2751E-6	74.612E-6	618.72E-6	3.0086E-3	9.7846E-3
25				549.36E-18	27.809E-12	15.672E-9	1.1543E-6	25.741E-6	259.86E-6	1.4892E-3	5.5772E-3
26				19.809E-18	3.0082E-12	2.8255E-9	291.34E-9	8.3535E-6	103.07E-6	698.08E-6	3.0165E-3
27				550.24E-21	292.46E-15	470.92E-12	68.79E-9	2.5524E-6	38.651E-6	310.26E-6	1.5502E-3
28				11.054E-21	25.46E-15	72.531E-12	15.201E-9	734.97E-9	13.718E-6	130.89E-6	757.78E-6
29				142.94E-24	1.9753E-15	10.317E-12	3.1451E-9	199.58E-9	4.612E-6	52.469E-6	352.76E-6
30				893.37E-27	135.8E-18	1.3541E-12	609.36E-12	51.143E-9	1.4701E-6	20.004E-6	156.54E-6
31					8.214E-18	163.8E-15	110.57E-12	12.373E-9	444.58E-9	7.2595E-6	66.275E-6
32					433.16E-21	18.236E-15	18.788E-12	2.8275E-9	127.64E-9	2.5096E-6	26.795E-6
33					19.689E-21	1.865E-15	2.989E-12	610.48E-12	34.812E-9	827.03E-9	10.353E-6
34					760.06E-24	174.84E-18	445.06E-15	124.56E-12	9.0229E-9	259.97E-9	3.8251E-6
35					24.43E-24	14.987E-18	61.99E-15	24.023E-12	2.2235E-9	77.99E-9	1.3525E-6
36					636.21E-27	1.1708E-18	8.0717E-15	4.3792E-12	521.13E-12	22.341E-9	457.86E-9
37					12.896E-27	83.066E-21	981.69E-18	754.53E-15	116.2E-12	6.1136E-9	148.5E-9
38					190.9E-30	5.3283E-21	111.41E-18	122.86E-15	24.654E-12	1.5988E-9	46.161E-9
39					1.8355E-30	307.4E-24	11.784E-18	18.901E-15	4.9782E-12	399.7E-12	13.759E-9
40					8.6041E-33	15.85E-24	1.1599E-18	2.7466E-15	956.75E-15	95.552E-12	3.9343E-9
41						724.86E-27	106.09E-21	376.82E-18	175.02E-15	21.849E-12	1.0795E-9
42						29.124E-27	8.999E-21	48.785E-18	30.471E-15	4.7794E-12	284.34E-12
43						1.0159E-27	706.31E-24	5.9563E-18	5.049E-15	1.0003E-12	71.913E-12
44						30.305E-30	51.168E-24	685.31E-21	796.09E-18	200.35E-15	17.467E-12
45						757.63E-33	3.4112E-24	74.242E-21	119.41E-18	38.401E-15	4.0757E-12
46						15.441E-33	208.56E-27	7.5655E-21	17.036E-18	7.0437E-15	913.72E-15
47						246.4E-36	11.648E-27	724.35E-24	2.3107E-18	1.2364E-15	196.84E-15
48						2.8875E-36	591.52E-30	65.078E-24	297.86E-21	207.67E-18	40.752E-15
49						22.098E-39	27.162E-30	5.4785E-24	36.473E-21	33.376E-18	8.1088E-15
50						82.867E-42	1.1204E-30	431.44E-27	4.24E-21	5.1316E-18	1.5508E-15
51							41.192E-33	31.723E-27	467.65E-24	754.65E-21	285.07E-18
52							1.3368E-33	2.1733E-27	48.901E-24	106.12E-21	50.368E-18
53							37.833E-36	138.4E-30	4.8439E-24	14.266E-21	8.553E-18
54							919.55E-39	8.1693E-30	454.12E-27	1.8328E-21	1.3958E-18
55							18.809E-39	445.6E-33	40.251E-27	224.94E-24	218.89E-21
56							314.88E-42	22.379E-33	3.3693E-27	26.36E-24	32.98E-21
57							4.1432E-42	1.0306E-33	265.99E-30	2.9482E-24	4.7734E-21
58							40.182E-45	43.313E-36	19.778E-30	314.51E-27	663.54E-24
59							255.39E-48	1.6518E-36	1.3828E-30	31.985E-27	88.565E-24
60							798.1E-51	56.779E-39	90.743E-33	3.0985E-27	11.347E-24
61								1.7453E-39	5.5785E-33	285.72E-30	1.3952E-24
62								47.502E-42	320.54E-36	25.058E-30	164.55E-27
63								1.131E-42	17.172E-36	2.0882E-30	18.61E-27
64								23.194E-45	855.23E-39	165.18E-33	2.0173E-27
65								401.44E-48	39.472E-39	12.388E-33	209.49E-30
66								5.7023E-48	1.6821E-39	879.86E-36	20.83E-30
67								63.832E-51	65.901E-42	59.095E-36	1.9819E-30

68								528.02E-54	2.3623E-42	3.7478E-36	180.34E-33
69								2.8697E-54	77.031E-45	224.05E-39	15.682E-33
70								7.6866E-57	2.2697E-45	12.603E-39	1.3022E-33
71									59.938E-48	665.64E-42	103.16E-36
72									1.4048E-48	32.936E-42	7.7911E-36
73									28.866E-51	1.5227E-42	560.32E-39
74									511.98E-54	65.589E-45	38.332E-39
75									7.6796E-54	2.6236E-45	2.4916E-39
76									94.732E-57	97.09E-48	153.68E-42
77									922.72E-60	3.3099E-48	8.9811E-42
78									6.6542E-60	103.43E-51	496.55E-45
79									31.586E-63	2.9459E-51	25.928E-45
80									74.031E-66	75.949E-54	1.2761E-45
81										1.7581E-54	59.08E-48
82										36.18E-57	2.5667E-48
83										653.85E-60	104.37E-51
84										10.216E-60	3.9605E-51
85										135.22E-63	139.78E-54
86										1.474E-63	4.5713E-54
87										12.707E-66	137.93E-57
88										81.225E-69	3.8204E-57
89										342.24E-72	96.584E-60
90										713E-75	2.2134E-60
91											45.606E-63
92											836.51E-66
93											13.492E-66
94											188.39E-69
95											2.2309E-69
96											21.786E-72
97											168.45E-75
98											966.87E-78
99											3.6624E-78
100											6.867E-81

Apuestas repetidas en línea – ruleta europea

Después de cada giro, el suceso A puede ocurrir con la probabilidad de $p = 6/37$ y no ocurrir con la probabilidad $q = 1 - p = 31/37$.

La probabilidad para que el suceso A ocurra exactamente m veces en n giros ($m \leq n$) se obtiene de la fórmula:

$$P(B_m) = C_n^m \left(\frac{6}{37}\right)^m \left(\frac{31}{37}\right)^{n-m}$$

La siguiente tabla anota los rendimientos numéricos de esta fórmula para incrementar n desde 10 hasta 100 giros en incrementos de 10.

m \ n	10	20	30	40	50	60	70	80	90	100
1	329.91E-3	112.47E-3	28.755E-3	6.535E-3	1.3924E-3	284.8E-6	56.635E-6	11.033E-6	2.1156E-6	400.67E-9
2	287.34E-3	206.79E-3	80.699E-3	24.665E-3	6.6026E-3	1.6261E-3	378.18E-6	84.346E-6	18.221E-6	3.8387E-6
3	148.3E-3	240.14E-3	145.78E-3	60.468E-3	20.447E-3	6.0848E-3	1.6591E-3	424.45E-6	103.45E-6	24.27E-6
4	50.232E-3	197.54E-3	190.45E-3	108.26E-3	46.5E-3	16.782E-3	5.3787E-3	1.5814E-3	435.49E-6	113.91E-6
5	11.667E-3	122.35E-3	191.68E-3	150.86E-3	82.8E-3	36.38E-3	13.742E-3	4.6524E-3	1.4498E-3	423.32E-6
6	1.8817E-3	59.2E-3	154.58E-3	170.33E-3	120.19E-3	64.545E-3	28.813E-3	11.256E-3	3.9752E-3	1.2973E-3
7	208.12E-6	22.916E-3	102.58E-3	160.12E-3	146.23E-3	96.371E-3	50.987E-3	23.03E-3	9.2326E-3	3.3717E-3
8	15.105E-6	7.2075E-3	57.081E-3	127.84E-3	152.12E-3	123.57E-3	77.715E-3	40.675E-3	18.54E-3	7.5863E-3
9	649.69E-9	1.86E-3	27.006E-3	87.976E-3	137.4E-3	138.19E-3	103.62E-3	62.98E-3	32.694E-3	15.01E-3
10	12.575E-9	396E-6	10.977E-3	52.786E-3	109.03E-3	136.41E-3	122.34E-3	86.547E-3	51.255E-3	26.436E-3
11		69.677E-6	3.8627E-3	27.863E-3	76.739E-3	120E-3	129.15E-3	106.6E-3	72.148E-3	41.864E-3
12		10.114E-6	1.1837E-3	13.033E-3	48.271E-3	94.842E-3	122.9E-3	118.63E-3	91.931E-3	60.095E-3
13		1.2047E-6	317.23E-6	5.4331E-3	27.31E-3	67.778E-3	106.13E-3	120.1E-3	106.76E-3	78.734E-3
14		116.58E-9	74.556E-6	2.028E-3	13.97E-3	44.04E-3	83.633E-3	111.25E-3	113.65E-3	94.699E-3
15		9.0258E-9	15.392E-6	680.36E-6	6.4891E-3	26.14E-3	60.432E-3	94.741E-3	111.45E-3	105.09E-3
16		545.92E-12	2.793E-6	205.76E-6	2.7474E-3	14.229E-3	40.207E-3	74.494E-3	101.11E-3	108.05E-3
17		24.861E-12	445.18E-9	56.222E-6	1.0635E-3	7.1282E-3	24.719E-3	54.28E-3	85.186E-3	103.34E-3
18		801.98E-15	62.229E-9	13.904E-6	377.37E-6	3.2958E-3	14.087E-3	36.771E-3	66.866E-3	92.224E-3
19		16.339E-15	7.6069E-9	3.1161E-6	123.02E-6	1.4101E-3	7.4622E-3	23.223E-3	49.043E-3	77.036E-3
20		158.12E-18	809.77E-12	633.27E-9	36.905E-6	559.49E-6	3.6829E-3	13.709E-3	33.697E-3	60.386E-3
21			74.633E-12	116.73E-9	10.204E-6	206.26E-6	1.6972E-3	7.5812E-3	21.74E-3	44.525E-3
22			5.9094E-12	19.512E-9	2.6034E-6	70.771E-6	731.64E-6	3.9351E-3	13.197E-3	30.945E-3
23			397.83E-15	2.9556E-9	613.42E-9	22.631E-6	295.53E-6	1.9206E-3	7.5518E-3	20.312E-3
24			22.458E-15	405.2E-12	133.57E-9	6.7528E-6	112.02E-6	882.88E-6	4.0804E-3	12.613E-3
25			1.0432E-15	50.192E-12	26.886E-9	1.8821E-6	39.892E-6	382.77E-6	2.085E-3	7.4213E-3
26			38.829E-18	5.6046E-12	5.0035E-9	490.36E-9	13.363E-6	156.72E-6	1.0088E-3	4.1434E-3

27			1.1134E-18	562.47E-15	860.82E-12	119.52E-9	4.2149E-6	60.665E-6	462.84E-6	2.1979E-3
28			23.089E-21	50.544E-15	136.86E-12	27.263E-9	1.2528E-6	22.225E-6	201.56E-6	1.1091E-3
29			308.19E-24	4.0481E-15	20.095E-12	5.8225E-9	351.18E-9	7.7133E-6	83.404E-6	532.96E-6
30			1.9883E-24	287.28E-18	2.7225E-12	1.1645E-9	92.893E-9	2.5379E-6	32.823E-6	244.13E-6
31				17.936E-18	339.96E-15	218.12E-12	23.199E-9	792.27E-9	12.296E-6	106.7E-6
32				976.38E-21	39.068E-15	38.258E-12	5.4724E-9	234.81E-9	4.3879E-6	44.528E-6
33				45.812E-21	4.1245E-15	6.2829E-12	1.2197E-9	66.104E-9	1.4927E-6	17.759E-6
34				1.8255E-18	399.15E-15	965.68E-15	256.89E-12	17.686E-9	484.33E-9	6.7734E-6
35				60.571E-24	35.316E-18	138.84E-15	51.141E-12	4.499E-9	149.99E-9	2.4721E-6
36				1.6283E-24	2.8481E-18	18.662E-15	9.6234E-12	1.0885E-9	44.351E-9	863.92E-9
37				34.07E-27	208.58E-21	2.3429E-15	1.7116E-12	250.53E-12	12.528E-9	289.23E-9
38				520.59E-30	13.811E-21	274.47E-18	287.68E-15	54.869E-12	3.382E-9	92.808E-9
39				5.1672E-30	822.48E-24	29.967E-18	45.687E-15	11.437E-12	872.76E-12	28.556E-9
40				25.002E-33	43.777E-24	3.045E-18	6.853E-15	2.2689E-12	215.38E-12	8.4287E-9
41					2.0666E-24	287.49E-21	970.53E-18	428.43E-15	50.836E-12	2.3874E-9
42					85.711E-27	25.172E-21	129.7E-18	77E-15	11.479E-12	649.1E-12
43					3.0864E-27	2.0394E-21	16.346E-18	13.17E-15	2.4801E-12	169.46E-12
44					95.035E-30	152.51E-24	1.9414E-18	2.1435E-15	512.75E-15	42.489E-12
45					2.4525E-30	10.495E-24	217.11E-21	331.9E-18	101.45E-15	10.234E-12
46					51.596E-33	662.39E-27	22.837E-21	48.878E-18	19.208E-15	2.3683E-12
47					849.89E-36	38.189E-27	2.2571E-21	6.8435E-18	3.4804E-15	526.65E-15
48					10.281E-36	2.0018E-27	209.33E-24	910.63E-21	603.45E-18	112.55E-15
49					81.219E-39	94.886E-30	18.19E-24	115.1E-21	100.11E-18	23.117E-15
50					314.4E-42	4.0403E-30	1.4787E-24	13.812E-21	15.889E-18	4.5638E-15
51						153.33E-33	112.24E-27	1.5726E-21	2.412E-18	866E-18
52						5.1364E-33	7.9373E-27	169.74E-24	350.12E-21	157.94E-18
53						150.06E-36	521.74E-30	17.357E-24	48.587E-21	27.686E-18
54						3.7649E-36	31.791E-30	1.6797E-24	6.4434E-21	4.6639E-18
55						79.494E-39	1.79E-30	153.68E-27	816.29E-24	754.98E-21
56						1.3738E-39	92.799E-33	13.279E-27	98.745E-24	117.42E-21
57						18.659E-42	4.4115E-33	1.0822E-27	11.4E-24	17.543E-21
58						186.8E-45	191.38E-36	83.058E-30	1.2554E-24	2.5174E-21
59						1.2256E-45	7.5337E-36	5.9943E-30	131.79E-27	346.84E-24
60						3.9534E-48	267.32E-39	406.07E-33	13.179E-27	45.873E-24
61							8.482E-39	25.768E-33	1.2544E-27	5.822E-24
62							238.31E-42	1.5284E-33	113.57E-30	708.82E-27
63							5.857E-42	84.52E-36	9.7691E-30	82.75E-27
64							123.99E-45	4.3453E-36	797.68E-33	9.2593E-27
65							2.2152E-45	207.02E-39	61.756E-33	992.56E-30
66							32.481E-48	9.1065E-39	4.5276E-33	101.88E-30
67							375.32E-51	368.3E-42	313.9E-36	10.006E-30
68							3.2048E-51	13.628E-42	20.549E-36	939.85E-33
69							17.979E-54	458.71E-45	1.2681E-36	84.363E-33
70							49.713E-57	13.952E-45	73.633E-39	7.2311E-33
71								380.33E-48	4.0145E-39	591.37E-36

72									9.2015E-48	205.04E-42	46.101E-36
73									195.17E-51	9.7855E-42	3.4224E-36
74									3.5733E-51	435.1E-45	241.69E-39
75									55.329E-54	17.965E-45	16.217E-39
76									704.52E-57	686.29E-48	1.0325E-39
77									7.0836E-57	24.151E-48	62.285E-42
78									52.731E-60	779.06E-51	3.5547E-42
79									258.38E-63	22.904E-51	191.6E-45
80									625.12E-66	609.55E-54	9.7345E-45
81										14.565E-54	465.21E-48
82										309.41E-57	20.863E-48
83										5.7721E-57	875.71E-51
84										93.098E-60	34.302E-51
85										1.2719E-60	1.2497E-51
86										14.313E-63	42.188E-54
87										127.37E-66	1.314E-54
88										840.39E-69	37.57E-57
89										3.6552E-69	980.44E-60
90										7.8606E-72	23.193E-60
91											493.3E-63
92											9.3402E-63
93											155.51E-66
94											2.2414E-66
95											27.399E-69
96											276.2E-72
97											2.2044E-72
98											13.061E-75
99											51.07E-78
100											98.845E-81

Apuestas repetidas en esquina – ruleta americana

Suponga que colocamos una apuesta en esquinas. Denotamos con *A* el suceso *cuando un número de la esquina elegida aparece*.

Después de cada giro, el suceso *A* puede ocurrir con la probabilidad de $p = 4/38 = 2/19$ y no ocurrirá con la probabilidad de $q = 1 - p = 17/19$.

La probabilidad para que el suceso *A* ocurra exactamente *m* veces en *n* giros ($m \leq n$) se obtiene de la fórmula:

$$P(B_m) = C_n^m \left(\frac{2}{19}\right)^m \left(\frac{17}{19}\right)^{n-m}$$

La siguiente tabla anota los rendimientos numéricos de esta fórmula para incrementar *n* desde 10 hasta 100 giros en incrementos de 10.

$m \backslash n$	10	20	30	40	50	60	70	80	90	100
1	386.84E-3	254.4E-3	125.48E-3	55.012E-3	22.611E-3	8.9218E-3	3.4226E-3	1.2862E-3	475.78E-6	173.83E-6
2	204.8E-3	284.33E-3	214.05E-3	126.2E-3	65.172E-3	30.964E-3	13.892E-3	5.9769E-3	2.4908E-3	1.0123E-3
3	64.251E-3	200.7E-3	235.03E-3	188.07E-3	122.68E-3	70.428E-3	37.044E-3	18.282E-3	8.5958E-3	3.8903E-3
4	13.228E-3	100.35E-3	186.64E-3	204.66E-3	169.58E-3	118.07E-3	72.999E-3	41.404E-3	21.995E-3	11.099E-3
5	1.8675E-3	37.779E-3	114.18E-3	173.36E-3	183.55E-3	155.57E-3	113.36E-3	74.04E-3	44.508E-3	25.07E-3
6	183.09E-6	11.112E-3	55.972E-3	118.97E-3	161.96E-3	167.78E-3	144.48E-3	108.88E-3	74.18E-3	46.7E-3
7	12.308E-6	2.6145E-3	22.577E-3	67.984E-3	119.77E-3	152.27E-3	155.41E-3	135.42E-3	104.72E-3	73.778E-3
8	543.02E-9	499.83E-6	7.6363E-3	32.992E-3	75.734E-3	118.68E-3	143.98E-3	145.37E-3	127.83E-3	100.9E-3
9	14.197E-9	78.405E-6	2.1961E-3	13.801E-3	41.579E-3	80.671E-3	116.69E-3	136.82E-3	137.02E-3	121.35E-3
10	167.02E-12	10.146E-6	542.55E-6	5.0332E-3	20.056E-3	48.402E-3	83.743E-3	114.29E-3	130.57E-3	129.91E-3
11		1.0852E-6	116.05E-6	1.6149E-3	8.5801E-3	25.884E-3	53.739E-3	85.562E-3	111.72E-3	125.05E-3
12		95.752E-9	21.618E-6	459.15E-6	3.2806E-3	12.434E-3	31.084E-3	57.88E-3	86.525E-3	109.11E-3
13		6.9322E-9	3.5215E-6	116.35E-6	1.1282E-3	5.4013E-3	16.316E-3	35.619E-3	61.076E-3	86.894E-3
14		407.78E-12	503.07E-9	26.398E-6	350.78E-6	2.1333E-3	7.8151E-3	20.054E-3	39.52E-3	63.527E-3
15		19.19E-12	63.13E-9	5.3831E-6	99.043E-6	769.66E-6	3.4325E-3	10.381E-3	23.557E-3	42.85E-3
16		705.5E-15	6.9629E-9	989.53E-9	25.489E-6	254.67E-6	1.3882E-3	4.9615E-3	12.991E-3	26.781E-3
17		19.529E-15	674.6E-12	164.35E-9	5.9974E-6	77.546E-6	518.76E-6	2.1975E-3	6.6528E-3	15.568E-3
18		382.93E-18	57.319E-12	24.706E-9	1.2936E-6	21.794E-6	179.7E-6	904.85E-6	3.1742E-3	8.4455E-3
19		4.7422E-18	4.259E-12	3.3656E-9	256.31E-9	5.6678E-6	57.86E-6	347.37E-6	1.4151E-3	4.2881E-3
20		27.895E-21	275.58E-15	415.75E-12	46.739E-9	1.3669E-6	17.358E-6	124.65E-6	591.03E-6	2.0432E-3
21			15.439E-15	46.582E-12	7.8553E-9	306.31E-9	4.8622E-6	41.898E-6	231.77E-6	915.71E-6
22			743.05E-18	4.733E-12	1.2182E-9	63.884E-9	1.274E-6	13.219E-6	85.521E-6	386.85E-6

#											
23				30.406E-18	435.77E-15	174.47E-12	12.417E-9	312.81E-9	3.9218E-6	29.747E-6	154.34E-6
24				1.0433E-18	36.314E-15	23.092E-12	2.2522E-9	72.069E-9	1.0958E-6	9.7697E-6	58.257E-6
25				29.459E-21	2.7343E-15	2.8254E-12	381.54E-12	15.601E-9	288.77E-9	3.0343E-6	20.836E-6
26				666.5E-24	185.58E-18	319.61E-15	60.425E-12	3.1766E-9	71.866E-9	892.46E-9	7.0709E-6
27				11.616E-24	11.321E-18	33.424E-15	8.9519E-12	609.03E-12	16.91E-9	248.88E-9	2.2799E-6
28				146.43E-27	618.37E-21	3.23E-15	1.2412E-12	110.03E-12	3.7656E-9	65.879E-9	699.31E-9
29				1.188E-27	30.103E-21	288.28E-18	161.13E-15	18.748E-12	794.37E-12	16.57E-9	204.26E-9
30				4.659E-30	1.2986E-21	23.74E-18	19.589E-15	3.0144E-12	158.87E-12	3.9638E-9	56.873E-9
31					49.282E-24	1.8019E-18	2.2302E-15	457.6E-15	30.147E-12	902.57E-12	15.108E-9
32					1.6306E-24	125.87E-21	237.78E-18	65.611E-15	5.4308E-12	195.78E-12	3.8327E-9
33					46.507E-27	8.0772E-21	23.736E-18	8.8885E-15	929.34E-15	40.482E-12	929.13E-12
34					1.1265E-27	475.13E-24	2.2175E-18	1.138E-15	151.14E-15	7.9843E-12	215.4E-12
35					22.719E-30	25.553E-24	193.8E-21	137.71E-18	23.369E-15	1.5029E-12	47.787E-12
36					371.22E-33	1.2526E-24	15.833E-21	15.751E-18	3.4367E-15	270.13E-15	10.151E-12
37					4.7214E-33	55.76E-27	1.2083E-21	1.7028E-18	480.81E-18	46.382E-15	2.0657E-12
38					43.852E-36	2.2442E-27	86.038E-24	173.97E-21	64.008E-18	7.6107E-15	402.9E-15
39					264.57E-39	81.239E-30	5.7099E-24	16.793E-21	8.1096E-18	1.1938E-15	75.354E-15
40					778.14E-42	2.6283E-30	352.67E-27	1.5311E-21	977.93E-21	179.08E-18	13.519E-15
41						75.418E-33	20.239E-27	131.81E-24	112.24E-21	25.692E-18	2.3276E-15
42						1.9013E-33	1.0772E-27	10.707E-24	12.262E-21	3.5264E-18	384.67E-18
43						41.615E-36	53.048E-30	820.23E-27	1.2748E-21	463.11E-21	61.042E-18
44						778.89E-39	2.4113E-30	59.214E-27	126.12E-24	58.199E-21	9.3033E-18
45						12.218E-39	100.86E-33	4.025E-27	11.87E-24	6.9991E-21	1.362E-18
46						156.24E-42	3.8694E-33	257.35E-30	1.0625E-24	805.52E-24	191.59E-21
47						1.5643E-42	135.6E-36	15.461E-30	90.43E-27	88.718E-24	25.897E-21
48						11.503E-45	4.3206E-36	871.55E-33	7.3142E-27	9.3502E-24	3.3641E-21
49						55.234E-48	124.48E-39	46.036E-33	561.95E-30	942.87E-27	420.01E-24
50						129.96E-51	3.2219E-39	2.2747E-33	40.989E-30	90.96E-27	50.401E-24
51							74.323E-42	104.95E-36	2.8366E-30	8.393E-27	5.8133E-24
52							1.5134E-42	4.5113E-36	186.11E-33	740.56E-30	644.46E-27
53							26.874E-45	180.25E-39	11.568E-33	62.467E-30	68.666E-27
54							409.85E-48	6.676E-39	680.45E-36	5.0355E-30	7.0311E-27
55							5.2601E-48	228.48E-42	37.843E-36	387.76E-33	691.83E-30
56							55.253E-51	7.2001E-42	1.9876E-36	28.512E-33	65.405E-30
57							456.16E-54	208.05E-45	98.455E-39	2.0008E-33	5.9397E-30
58							2.7758E-54	5.4862E-45	4.5932E-39	133.93E-36	518.07E-33
59							11.07E-57	131.27E-48	201.5E-42	8.5458E-36	43.388E-33
60							21.706E-60	2.8314E-48	8.2969E-42	519.45E-39	3.488E-33
61								54.608E-51	320.04E-45	30.055E-39	269.09E-36
62								932.58E-54	11.538E-45	1.6539E-39	19.913E-36
63								13.932E-54	387.84E-48	86.477E-42	1.4131E-36
64								179.27E-57	12.12E-48	4.2921E-42	96.111E-39
65								1.9469E-57	350.99E-51	201.98E-45	6.2624E-39
66								17.352E-60	9.3847E-51	9.0009E-45	390.7E-42
67								121.87E-63	230.7E-54	379.32E-48	23.326E-42

68							632.56E-66	5.1889E-54	15.094E-48	1.3317E-42
69							2.1571E-66	106.17E-57	566.18E-51	72.661E-45
70							3.6253E-69	1.9627E-57	19.983E-51	3.7857E-45
71								32.522E-60	662.24E-54	188.19E-48
72								478.27E-63	20.56E-54	8.9174E-48
73								6.1663E-63	596.41E-57	402.4E-51
74								68.623E-66	16.119E-57	17.273E-51
75								645.86E-69	404.56E-60	704.46E-54
76								4.9989E-69	9.3938E-60	27.263E-54
77								30.551E-72	200.94E-63	999.7E-57
78								138.24E-75	3.94E-63	34.68E-57
79								411.74E-78	70.409E-66	1.1362E-57
80								605.5E-81	1.139E-66	35.089E-60
81									16.543E-69	1.0193E-60
82									213.61E-72	27.785E-63
83									2.4222E-72	708.91E-66
84									23.747E-75	16.879E-66
85									197.21E-78	373.79E-69
86									1.3489E-78	7.6701E-69
87									7.2962E-81	145.21E-72
88									29.263E-84	2.5237E-72
89									77.364E-87	40.032E-75
90									101.13E-90	575.62E-78
91										7.4417E-78
92										85.646E-81
93										866.76E-84
94										7.5936E-84
95										56.423E-87
96										345.73E-90
97										1.6773E-90
98										6.0406E-93
99										14.357E-96
100										16.89E-99

Apuestas repetidas en esquina – ruleta europea

Después de cada giro, el suceso A puede ocurrir con la probabilidad de $p = 4/37$ y no ocurrir con la probabilidad $q = 1 - p = 33/37$.

La probabilidad para que el suceso A ocurra exactamente m veces en n giros ($m \le n$) se obtiene de la fórmula:

$$P(B_m) = C_n^m \left(\frac{4}{37} \right)^m \left(\frac{33}{37} \right)^{n-m}$$

La siguiente tabla anota los rendimientos numéricos de esta fórmula para incrementar n desde 10 hasta 100 giros en incrementos de 10.

m \ n	10	20	30	40	50	60	70	80	90	100
1	386.07E-3	245.94E-3	117.5E-3	49.899E-3	19.867E-3	7.5933E-3	2.8216E-3	1.0271E-3	368.03E-6	130.25E-6
2	210.58E-3	283.2E-3	206.51E-3	117.94E-3	58.998E-3	27.152E-3	11.8E-3	4.9176E-3	1.9852E-3	781.48E-6
3	68.068E-3	205.96E-3	233.63E-3	181.09E-3	114.42E-3	63.628E-3	32.419E-3	15.498E-3	7.0583E-3	3.0944E-3
4	14.439E-3	106.1E-3	191.15E-3	203.04E-3	162.96E-3	109.9E-3	65.82E-3	36.162E-3	18.608E-3	9.0955E-3
5	2.1002E-3	41.155E-3	120.48E-3	177.19E-3	181.73E-3	149.2E-3	105.31E-3	66.626E-3	38.795E-3	21.168E-3
6	212.14E-6	12.471E-3	60.851E-3	125.29E-3	165.21E-3	165.78E-3	138.29E-3	100.95E-3	66.619E-3	40.625E-3
7	14.694E-6	3.0233E-3	25.289E-3	73.763E-3	125.87E-3	155.02E-3	153.26E-3	129.35E-3	96.9E-3	66.126E-3
8	667.89E-9	595.5E-6	8.8127E-3	36.882E-3	82.008E-3	124.48E-3	146.29E-3	143.07E-3	121.86E-3	93.177E-3
9	17.99E-9	96.242E-6	2.6112E-3	15.895E-3	46.388E-3	87.179E-3	122.15E-3	138.74E-3	134.58E-3	115.45E-3
10	218.06E-12	12.832E-6	664.66E-6	5.9727E-3	23.054E-3	53.893E-3	90.32E-3	119.4E-3	132.13E-3	127.35E-3
11		1.414E-6	146.48E-6	1.9744E-3	10.161E-3	29.693E-3	59.716E-3	92.098E-3	116.48E-3	126.29E-3
12		128.55E-9	28.113E-6	578.37E-6	4.003E-3	14.697E-3	35.588E-3	64.189E-3	92.948E-3	113.54E-3
13		9.5886E-9	4.7182E-6	151E-6	1.4183E-3	6.5775E-3	19.246E-3	40.698E-3	67.599E-3	93.159E-3
14		581.13E-12	694.45E-9	35.298E-6	454.35E-6	2.6765E-3	9.4979E-3	23.608E-3	45.066E-3	70.171E-3
15		28.176E-12	89.788E-9	7.4162E-6	132.17E-6	994.92E-6	4.298E-3	12.591E-3	27.677E-3	48.766E-3
16		1.0673E-12	10.203E-9	1.4046E-6	35.046E-6	339.18E-6	1.7909E-3	6.2002E-3	15.725E-3	31.402E-3
17		30.439E-15	1.0185E-9	240.36E-9	8.496E-6	106.41E-6	689.53E-6	2.8293E-3	8.2972E-3	18.808E-3
18		614.93E-18	89.162E-12	37.227E-9	1.888E-6	30.812E-6	246.09E-6	1.2003E-3	4.0788E-3	10.512E-3
19		7.846E-18	6.8258E-12	5.2248E-9	385.43E-9	8.2558E-6	81.639E-6	474.77E-6	1.8735E-3	5.4991E-3
20		47.552E-21	455.05E-15	664.98E-12	72.414E-9	2.0514E-6	25.234E-6	175.52E-6	806.17E-6	2.6996E-3
21			26.266E-15	76.765E-12	12.539E-9	473.64E-9	7.2825E-6	60.786E-6	325.73E-6	1.2466E-3
22			1.3024E-15	8.036E-12	2.0035E-9	101.77E-9	1.9661E-6	19.76E-6	123.83E-6	542.58E-6
23			54.911E-18	762.31E-15	295.64E-12	20.381E-9	497.34E-9	6.0398E-6	44.376E-6	223.04E-6
24			1.9413E-18	65.451E-15	40.315E-12	3.8087E-9	118.06E-9	1.7387E-6	15.016E-6	86.736E-6
25			56.474E-21	5.0774E-15	5.0821E-12	664.78E-12	26.33E-9	472.1E-9	4.8052E-6	31.961E-6

26			1.3164E-21	355.06E-18	592.32E-15	108.47E-12	5.5238E-9	121.05E-9	1.4561E-6	11.175E-6
27			23.639E-24	22.316E-18	63.819E-15	16.557E-12	1.0911E-9	29.345E-9	418.37E-9	3.7125E-6
28			307E-27	1.2559E-18	6.3543E-15	2.3653E-12	203.11E-12	6.7329E-9	114.1E-9	1.1732E-6
29			2.5664E-27	62.99E-21	584.3E-18	316.36E-15	35.656E-12	1.4634E-9	29.568E-9	353.07E-9
30			10.369E-30	2.7996E-21	49.577E-18	39.625E-15	5.9066E-12	301.54E-12	7.2876E-12	101.28E-9
31				109.47E-24	3.877E-18	4.6481E-15	923.81E-15	58.953E-12	1.7097E-9	27.722E-9
32				3.7318E-24	279.03E-21	510.59E-18	136.47E-15	10.942E-12	382.09E-12	7.2455E-9
33				109.66E-27	18.448E-21	52.512E-18	19.048E-15	1.9292E-12	81.4E-12	1.8097E-9
34				2.7365E-27	1.1181E-21	5.0546E-18	2.5126E-15	323.25E-15	16.541E-12	432.27E-12
35				56.863E-30	61.953E-24	455.14E-21	313.26E-18	51.496E-15	3.208E-12	98.804E-12
36				957.29E-33	3.129E-24	38.311E-21	36.916E-18	7.8024E-15	594.07E-15	21.624E-12
37				12.544E-33	143.51E-27	3.0122E-21	4.1119E-18	1.1247E-15	105.09E-15	4.5337E-12
38				120.04E-36	5.9508E-27	220.99E-24	432.83E-21	154.26E-18	17.767E-15	911.08E-15
39				746.18E-39	221.94E-30	15.11E-24	43.048E-21	20.137E-18	2.8714E-15	175.56E-15
40				2.2612E-39	7.3981E-30	961.57E-27	4.0439E-21	2.5018E-18	443.77E-18	32.452E-15
41					218.72E-33	56.855E-27	358.66E-24	295.86E-21	65.598E-18	5.7565E-15
42					5.681E-33	3.1176E-27	30.018E-24	33.3E-21	9.2765E-18	980.19E-18
43					128.11E-36	158.19E-30	2.3693E-24	3.567E-21	1.2552E-18	160.26E-18
44					2.4705E-36	7.4082E-30	176.23E-27	363.58E-24	162.51E-21	25.164E-18
45					39.927E-39	319.28E-33	12.342E-27	35.256E-24	20.136E-21	3.7958E-18
46					526.05E-42	12.62E-33	813.02E-30	3.2515E-24	2.3877E-21	550.12E-21
47					5.4266E-42	455.64E-36	50.323E-30	285.11E-27	270.95E-24	76.612E-21
48					41.111E-45	14.958E-36	2.9228E-30	23.759E-27	29.421E-24	10.254E-21
49					203.39E-48	444.02E-39	159.06E-33	1.8808E-27	3.0567E-24	1.319E-21
50					493.08E-51	11.841E-39	8.0977E-33	141.34E-30	303.82E-27	163.07E-24
51						281.42E-42	384.92E-36	10.078E-30	28.884E-27	19.379E-24
52						5.9038E-42	17.048E-36	681.26E-33	2.6258E-27	2.2134E-24
53						108.02E-45	701.79E-39	43.625E-33	228.2E-30	242.98E-27
54						1.6972E-45	26.78E-39	2.644E-33	18.953E-30	25.634E-27
55						22.443E-48	944.31E-42	151.5E-36	1.5037E-30	2.5988E-27
56						242.89E-51	30.659E-42	8.198E-36	113.91E-33	253.13E-30
57						2.066E-51	912.77E-45	418.4E-39	8.2363E-33	23.684E-30
58						12.953E-54	24.798E-45	20.111E-39	568.02E-36	2.1284E-30
59						53.223E-57	611.36E-48	908.98E-42	37.343E-36	183.65E-33
60						107.52E-60	13.586E-48	38.563E-42	2.3386E-36	15.211E-33
61							269.96E-51	1.5326E-42	139.41E-39	1.2091E-33
62							4.7501E-51	56.928E-45	7.9041E-39	92.186E-36
63							73.113E-54	1.9715E-45	425.81E-42	6.7399E-36
64							969.3E-57	63.477E-48	21.774E-42	472.3E-39
65							10.845E-57	1.8939E-48	1.0557E-42	31.707E-39
66							99.59E-60	52.175E-51	48.472E-45	2.0381E-39
67							720.68E-63	1.3215E-51	2.1046E-45	125.36E-42
68							3.8539E-63	30.623E-54	86.286E-48	7.3744E-42
69							13.54E-66	645.54E-57	3.3347E-48	414.55E-45
70							23.447E-69	12.296E-57	121.26E-51	22.253E-45

71									209.92E-60	4.1404E-51	1.1397E-45
72									3.1806E-60	132.44E-54	55.642E-48
73									42.249E-63	3.9583E-54	2.5869E-48
74									484.43E-66	110.22E-57	114.41E-51
75									4.6975E-66	2.8502E-57	4.8075E-51
76									37.46E-69	68.187E-60	191.69E-54
77									235.88E-72	1.5027E-60	7.242E-54
78									1.0997E-72	30.358E-63	258.85E-57
79									3.3745E-75	558.96E-66	8.7374E-57
80									5.1128E-78	9.316E-66	278.01E-60
81										139.41E-69	8.3205E-60
82										1.8547E-69	233.69E-63
83										21.668E-72	6.1429E-63
84										218.87E-75	150.69E-66
85										1.8727E-75	3.4382E-66
86										13.197E-78	72.69E-69
87										73.548E-81	1.4179E-69
88										303.92E-84	25.389E-72
89										827.83E-87	414.93E-75
90										1.1149E-87	6.1471E-75
91											81.88E-78
92											970.9E-81
93											10.123E-81
94											91.379E-84
95											699.55E-87
96											4.4164E-87
97											22.075E-90
98											81.911E-93
99											200.58E-96
100											243.12E-99

Apuestas repetidas en callejón – ruleta americana

Suponga que colocamos una apuesta en callejón. Denotamos con *A* el suceso *cuando un número del callejón elegido aparece*.

Después de cada giro, el suceso *A* puede ocurrir con la probabilidad de $p = 3/38$ y no ocurrir con la probabilidad $q = 1 - p = 35/38$.

La probabilidad para que el suceso *A* ocurra exactamente *m* veces en *n* giros ($m \leq n$) se obtiene de la fórmula:

$$P(B_m) = C_n^m \left(\frac{3}{38}\right)^m \left(\frac{35}{38}\right)^{n-m}$$

La siguiente tabla anota los rendimientos numéricos de esta fórmula para incrementar *n* desde 10 hasta 100 giros en incrementos de 10.

m \ n	10	20	30	40	50	60	70	80	90	100
1	376.62E-3	330.96E-3	218.13E-3	127.79E-3	70.185E-3	37.006E-3	18.97E-3	9.5257E-3	4.7086E-3	2.2988E-3
2	145.27E-3	269.49E-3	271.1E-3	213.59E-3	147.39E-3	93.572E-3	56.096E-3	32.251E-3	17.96E-3	9.7534E-3
3	33.204E-3	138.6E-3	216.88E-3	231.9E-3	202.13E-3	155.06E-3	108.99E-3	71.875E-3	45.157E-3	27.31E-3
4	4.9805E-3	50.489E-3	125.48E-3	183.86E-3	203.58E-3	189.4E-3	156.47E-3	118.59E-3	84.185E-3	56.765E-3
5	512.28E-6	13.848E-3	55.928E-3	113.47E-3	160.54E-3	181.82E-3	177.04E-3	154.51E-3	124.11E-3	93.419E-3
6	36.592E-6	2.9675E-3	19.974E-3	56.734E-3	103.2E-3	142.86E-3	164.39E-3	165.55E-3	150.71E-3	126.78E-3
7	1.7922E-6	508.72E-6	5.87E-3	23.62E-3	55.602E-3	94.462E-3	128.83E-3	150.01E-3	155.01E-3	145.93E-3
8	57.608E-9	70.857E-6	1.4465E-3	8.3513E-3	25.617E-3	53.641E-3	86.961E-3	117.33E-3	137.85E-3	145.41E-3
9	1.0973E-9	8.0979E-6	303.09E-6	2.5452E-3	10.247E-3	26.565E-3	51.348E-3	80.452E-3	107.66E-3	127.41E-3
10	9.4054E-12	763.52E-9	54.555E-6	676.29E-6	3.601E-3	11.613E-3	26.848E-3	48.961E-3	74.744E-3	99.376E-3
11		59.495E-9	8.5021E-6	158.09E-6	1.1224E-3	4.5245E-3	12.552E-3	26.706E-3	46.594E-3	69.692E-3
12		3.8247E-9	1.1539E-6	32.748E-6	312.66E-6	1.5836E-3	5.2899E-3	13.162E-3	26.292E-3	44.304E-3
13		201.74E-12	136.94E-9	6.0458E-6	78.338E-6	501.17E-6	2.0229E-3	5.9013E-3	13.522E-3	25.706E-3
14		8.646E-12	14.253E-9	999.4E-9	17.746E-6	144.21E-6	705.97E-6	2.4207E-3	6.3745E-3	13.693E-3
15		296.44E-15	1.3031E-9	148.48E-9	3.6506E-6	37.908E-6	225.91E-6	912.96E-6	2.7684E-3	6.7289E-3
16		7.9402E-15	104.72E-12	19.886E-9	684.49E-9	9.1385E-6	66.563E-6	317.91E-6	1.1123E-3	3.0641E-3
17		160.14E-18	7.3918E-12	2.4064E-9	117.34E-9	2.0274E-6	18.123E-6	102.58E-6	415.01E-6	1.2977E-3
18		2.2877E-18	457.59E-15	263.56E-12	18.439E-9	415.13E-9	4.5739E-6	30.775E-6	144.26E-6	512.91E-6
19		20.641E-21	24.772E-15	26.157E-12	2.6619E-9	78.656E-9	1.073E-6	8.6079E-6	46.859E-6	189.74E-6
20		88.461E-24	1.1678E-15	2.3542E-12	353.65E-12	13.821E-9	234.52E-9	2.2503E-6	14.258E-6	65.866E-6
21			47.665E-18	192.18E-15	43.304E-12	2.2565E-9	47.861E-9	551.1E-9	4.0738E-6	21.507E-6
22			1.6714E-18	14.226E-15	4.8928E-12	342.87E-12	9.1372E-9	126.68E-9	1.0952E-6	6.6198E-6
23			49.83E-21	954.3E-18	510.56E-15	48.555E-12	1.6345E-9	27.382E-9	277.53E-9	1.9243E-6

24			1.2458E-21	57.94E-18	49.232E-15	6.4162E-12	274.36E-12	5.5742E-9	66.41E-9	529.17E-9
25			25.627E-24	3.1784E-18	4.3887E-15	791.94E-15	43.27E-12	1.0703E-9	15.028E-9	137.89E-9
26			422.42E-27	157.17E-21	361.71E-18	91.378E-15	6.4192E-12	194.06E-12	3.2202E-9	34.093E-9
27			5.3641E-27	6.9855E-21	27.559E-18	9.863E-15	896.65E-15	33.267E-12	654.26E-12	8.0091E-9
28			49.262E-30	277.99E-24	1.9403E-18	996.37E-18	118.03E-15	5.3974E-12	126.18E-12	1.7898E-9
29			291.2E-33	9.8599E-24	126.17E-21	94.238E-18	14.652E-15	829.55E-15	23.123E-12	380.88E-12
30			832.01E-36	309.88E-27	7.5702E-21	8.3468E-18	1.7164E-15	120.88E-15	4.0299E-12	77.264E-12
31				8.5682E-27	418.63E-24	692.36E-21	189.83E-18	16.711E-15	668.56E-15	14.954E-12
32				206.55E-30	21.305E-24	53.781E-21	19.83E-18	2.1933E-15	105.66E-15	2.7639E-12
33				4.292E-30	996.09E-27	3.9114E-21	1.9573E-18	273.46E-18	15.917E-15	488.17E-15
34				75.742E-33	42.69E-27	266.24E-24	182.57E-21	32.401E-18	2.2872E-15	82.455E-15
35				1.1129E-33	1.6727E-27	16.952E-24	16.096E-21	3.6501E-18	313.68E-18	13.327E-15
36				13.249E-36	59.741E-30	1.0091E-24	1.3413E-21	391.08E-21	41.077E-18	2.0626E-15
37				122.77E-39	1.9375E-30	56.102E-27	105.65E-24	39.863E-21	5.1386E-18	305.8E-18
38				830.8E-42	56.815E-33	2.9106E-27	7.864E-24	3.8664E-21	614.31E-21	43.456E-18
39				3.6519E-42	1.4984E-33	140.73E-30	553.08E-27	356.9E-24	70.207E-21	5.9215E-18
40				7.8254E-45	35.32E-36	6.3329E-30	36.74E-27	31.356E-24	7.6726E-21	774.03E-21
41					738.39E-39	264.79E-33	2.3043E-27	2.6221E-24	802.02E-24	97.091E-21
42					13.562E-39	10.267E-33	136.37E-30	208.7E-27	80.202E-24	11.691E-21
43					216.28E-42	368.4E-36	7.6116E-30	15.808E-27	7.6738E-24	1.3516E-21
44					2.9492E-42	12.2E-36	400.35E-33	1.1394E-27	702.6E-27	150.08E-24
45					33.705E-45	371.81E-39	19.827E-33	78.133E-30	61.561E-27	16.008E-24
46					314.02E-48	10.392E-39	923.61E-36	5.0956E-30	5.162E-27	1.6406E-24
47					2.2908E-48	265.34E-42	40.425E-36	315.96E-33	414.21E-30	161.57E-27
48					12.272E-51	6.1596E-42	1.6603E-36	18.619E-33	31.806E-30	15.291E-27
49					42.934E-54	129.3E-45	63.896E-39	1.0422E-33	2.3367E-30	1.3909E-27
50					73.601E-57	2.4382E-45	2.3003E-39	55.387E-36	164.24E-33	121.61E-30
51						40.978E-48	77.32E-42	2.7926E-36	11.041E-33	10.219E-30
52						607.91E-51	2.4216E-42	133.49E-39	709.8E-36	825.39E-33
53						7.8652E-51	70.493E-45	6.045E-39	43.621E-36	64.073E-33
54						87.391E-54	1.9022E-45	259.07E-42	2.5619E-36	4.7801E-33
55						817.16E-57	47.431E-48	10.497E-42	143.73E-39	342.68E-36
56						6.2538E-57	1.089E-48	401.69E-45	7.6999E-39	23.603E-36
57						37.617E-60	22.926E-51	14.497E-45	393.68E-42	1.5617E-36
58						166.77E-63	440.45E-54	492.76E-48	19.199E-42	99.24E-39
59						484.57E-66	7.6785E-54	15.749E-48	892.55E-45	6.0553E-39
60						692.24E-69	120.66E-57	472.47E-51	39.527E-45	354.67E-42
61							1.6955E-57	13.278E-51	1.6662E-45	19.934E-42
62							21.096E-60	348.77E-54	66.803E-48	1.0748E-42
63							229.62E-63	8.5414E-54	2.5449E-48	55.568E-45
64							2.1526E-63	194.47E-57	92.025E-51	2.7536E-45
65							17.032E-66	4.1031E-57	3.1551E-51	130.72E-48
66							110.6E-69	79.931E-60	102.44E-54	5.9418E-48
67							565.95E-72	1.4316E-60	3.1453E-54	258.45E-51
68							2.1402E-72	23.459E-63	91.186E-57	10.751E-51

69								5.3172E-75	349.7E-66	2.492E-57	427.36E-54
70								6.5108E-78	4.7102E-66	64.081E-60	16.222E-54
71									56.864E-69	1.5472E-60	587.52E-57
72									609.25E-72	34.997E-63	20.283E-57
73									5.7229E-72	739.66E-66	666.85E-60
74									46.402E-75	14.565E-66	20.855E-60
75									318.19E-78	266.33E-69	619.7E-63
76									1.7943E-78	4.5055E-69	17.473E-63
77									7.9894E-81	70.216E-72	466.8E-66
78									26.339E-84	1.0031E-72	11.798E-66
79									57.154E-87	13.06E-75	281.62E-69
80									61.237E-90	153.92E-78	6.3366E-69
81										1.6288E-78	134.11E-72
82										15.323E-81	2.6634E-72
83										126.6E-84	49.51E-75
84										904.25E-87	858.84E-78
85										5.4711E-87	13.857E-78
86										27.265E-90	207.16E-81
87										107.45E-93	2.8574E-81
88										313.97E-96	36.182E-84
89										604.75E-99	418.15E-87
90										575.96E-102	4.3806E-87
91											41.262E-90
92											345.99E-93
93											2.551E-93
94											16.283E-96
95											88.15E-99
96											393.53E-102
97											1.391E-102
98											3.6498E-105
99											6.3199E-108
100											5.4171E-111

Apuestas repetidas en callejón – ruleta europea

Después de cada giro, el suceso A puede ocurrir con la probabilidad de $p = 3/37$ y no ocurrir con la probabilidad $q = 1 - p = 34/37$.
La probabilidad para que el suceso A ocurra exactamente m veces en n giros ($m \leq n$) se obtiene de la fórmula:

$$P(B_m) = C_n^m \left(\frac{3}{37}\right)^m \left(\frac{34}{37}\right)^{n-m}$$

La siguiente tabla anota los rendimientos numéricos de esta fórmula para incrementar n desde 10 hasta 100 giros en incrementos de 10.

m \ n	10	20	30	40	50	60	70	80	90	100
1	378.8E-3	325.25E-3	209.45E-3	119.89E-3	64.339E-3	33.146E-3	16.601E-3	8.1453E-3	3.934E-3	1.8766E-3
2	150.41E-3	272.64E-3	267.97E-3	206.28E-3	139.09E-3	86.276E-3	50.537E-3	28.389E-3	15.447E-3	8.1961E-3
3	35.39E-3	144.34E-3	220.68E-3	230.55E-3	196.36E-3	147.18E-3	101.07E-3	65.127E-3	39.98E-3	23.624E-3
4	5.4646E-6	54.126E-3	131.44E-3	188.17E-3	203.57E-3	185.05E-3	149.38E-3	110.62E-3	76.726E-3	50.549E-3
5	578.61E-6	15.283E-3	60.306E-3	119.54E-3	165.25E-3	182.88E-3	173.98E-3	148.36E-3	116.44E-3	85.636E-3
6	42.545E-6	3.3712E-3	22.171E-3	61.53E-3	109.36E-3	147.91E-3	166.31E-3	163.63E-3	145.55E-3	119.64E-3
7	2.1451E-6	594.91E-6	6.7073E-3	26.37E-3	60.653E-3	100.68E-3	134.16E-3	152.63E-3	154.11E-3	141.76E-3
8	70.978E-9	85.3E-6	1.7015E-3	9.598E-3	28.766E-3	58.854E-3	93.225E-3	122.89E-3	141.08E-3	145.4E-3
9	1.3917E-9	10.035E-6	366.99E-6	3.0111E-3	11.845E-3	30.004E-3	56.666E-3	86.748E-3	113.42E-3	131.15E-3
10	12.28E-12	974.02E-9	68E-6	823.63E-6	4.285E-3	13.502E-3	30.5E-3	54.345E-3	81.062E-3	105.3E-3
11		78.13E-9	10.909E-6	198.2E-6	1.3749E-3	5.4152E-3	14.679E-3	30.514E-3	52.018E-3	76.022E-3
12		5.1703E-9	1.5241E-6	42.263E-6	394.26E-6	1.9511E-3	6.3681E-3	15.482E-3	30.216E-3	49.75E-3
13		280.74E-12	186.2E-9	8.0319E-6	101.69E-6	635.64E-6	2.5069E-3	7.1454E-3	15.997E-3	29.715E-3
14		12.386E-12	19.95E-9	1.3668E-6	23.713E-6	188.29E-6	900.58E-6	3.0173E-3	7.7632E-3	16.293E-3
15		437.14E-15	1.8776E-9	209.04E-9	5.0215E-6	50.948E-6	296.66E-6	1.1714E-3	3.4706E-3	8.2424E-3
16		12.054E-15	155.32E-12	28.819E-9	969.23E-9	12.643E-6	89.98E-6	419.9E-6	1.4355E-3	3.8636E-3
17		250.25E-18	11.286E-12	3.59E-9	171.04E-9	2.8874E-6	25.219E-6	139.48E-6	551.34E-6	1.6845E-3
18		3.6801E-18	719.22E-15	404.75E-12	27.668E-9	608.62E-9	6.5521E-6	43.075E-6	197.29E-6	685.36E-6
19		34.18E-21	40.08E-15	41.352E-12	4.1117E-9	118.71E-9	1.5822E-6	12.402E-6	65.967E-6	260.99E-6
20		150.8E-24	1.9451E-15	3.8312E-12	562.34E-12	21.473E-9	356E-9	3.3377E-6	20.663E-6	93.265E-6
21			81.726E-18	321.95E-15	70.883E-12	3.6088E-9	74.791E-9	841.44E-9	6.0774E-6	31.349E-6
22			2.95E-18	24.533E-15	8.2444E-12	564.48E-12	14.698E-9	199.11E-9	1.6819E-6	9.9329E-6
23			90.537E-21	1.6941E-15	885.59E-15	82.29E-12	2.7066E-9	44.304E-9	438.75E-9	2.9723E-6
24			2.33E-21	105.88E-18	87.907E-15	11.194E-12	467.68E-12	9.2842E-9	108.07E-9	841.41E-9
25			49.341E-24	5.9792E-18	8.0668E-15	1.4223E-12	75.929E-12	1.835E-9	25.175E-9	225.7E-9

26			837.23E-27	304.37E-21	684.4E-18	168.94E-15	11.596E-12	342.5E-12	5.5533E-9	57.445E-9
27			10.944E-27	13.926E-21	53.679E-18	18.771E-15	1.6673E-12	60.442E-12	1.1615E-9	13.892E-9
28			103.46E-30	570.48E-24	3.8906E-18	1.952E-15	225.93E-15	10.095E-12	230.59E-12	3.1957E-9
29			629.6E-33	20.829E-24	260.42E-21	190.05E-18	28.871E-15	1.5972E-12	43.498E-12	700.08E-12
30			1.8518E-33	673.88E-27	16.085E-21	17.328E-18	3.4816E-15	239.57E-15	7.804E-12	146.19E-12
31				19.181E-27	915.65E-24	1.4796E-18	396.38E-18	34.095E-15	1.3328E-12	29.128E-12
32				475.99E-30	47.971E-24	118.32E-21	42.626E-18	4.6066E-15	216.82E-15	5.5418E-12
33				10.182E-30	2.3088E-24	8.858E-21	4.3309E-18	591.22E-18	33.624E-15	1.0076E-12
34				184.96E-33	101.86E-27	620.67E-24	415.86E-21	72.112E-18	4.9738E-15	175.2E-15
35				2.7977E-33	4.1085E-27	40.683E-24	37.742E-21	8.3626E-18	702.19E-18	29.15E-15
36				34.286E-36	151.05E-30	2.4928E-24	3.2377E-21	922.34E-21	94.657E-18	4.644E-15
37				327.05E-39	5.0429E-30	142.67E-27	262.51E-24	96.78E-21	12.19E-18	708.79E-18
38				2.2782E-39	152.22E-33	7.6195E-27	20.115E-24	9.663E-21	1.5001E-18	103.68E-18
39				10.309E-42	4.1328E-33	379.25E-30	1.4563E-24	918.21E-24	176.48E-21	14.544E-18
40				22.74E-45	100.28E-36	17.568E-30	99.586E-27	83.044E-24	19.854E-21	1.957E-18
41					2.1581E-36	756.17E-33	6.4295E-27	7.1487E-24	2.1364E-21	252.7E-21
42					40.805E-39	30.183E-33	391.71E-30	585.71E-27	219.92E-24	31.322E-21
43					669.85E-42	1.1148E-33	22.506E-30	45.671E-27	21.662E-24	3.7278E-21
44					9.403E-42	38.006E-36	1.2186E-30	3.3887E-27	2.0416E-24	426.11E-24
45					110.62E-45	1.1923E-36	62.124E-33	239.2E-30	184.15E-27	46.788E-24
46					1.061E-45	34.306E-39	2.9791E-33	16.059E-30	15.895E-27	4.9361E-24
47					7.9672E-48	901.67E-42	134.23E-36	1.025E-30	1.313E-27	500.4E-27
48					43.937E-51	21.547E-42	5.675E-36	62.181E-33	103.78E-30	48.753E-27
49					158.24E-54	465.61E-45	224.82E-39	3.583E-33	7.8492E-30	4.5651E-27
50					279.24E-57	9.0383E-45	8.3316E-39	196.01E-36	567.91E-33	410.86E-30
51						156.37E-48	288.29E-42	10.174E-36	39.302E-33	35.541E-30
52						2.388E-48	9.2944E-42	500.63E-39	2.6009E-33	2.9551E-30
53						31.805E-51	278.52E-45	23.337E-39	164.54E-36	236.14E-33
54						363.78E-54	7.7367E-45	1.0296E-39	9.9476E-36	18.135E-33
55						3.5017E-54	198.59E-48	42.944E-42	574.51E-39	1.3383E-33
56						27.587E-57	4.6936E-48	1.6916E-42	31.683E-39	94.891E-36
57						170.81E-60	101.72E-51	62.846E-45	1.6675E-39	6.4632E-36
58						779.58E-63	2.0117E-51	2.199E-45	83.713E-42	422.79E-39
59						2.3317E-63	36.102E-54	72.349E-48	4.0062E-42	26.556E-39
60						3.429E-66	584E-57	2.2343E-48	182.64E-45	1.6012E-39
61							8.4474E-57	64.638E-51	7.9254E-45	92.644E-42
62							108.2E-60	1.7478E-51	327.09E-48	5.142E-42
63							1.2123E-60	44.062E-54	12.827E-48	273.66E-45
64							11.7E-63	1.0327E-54	477.48E-51	13.96E-45
65							95.29E-66	22.43E-57	16.852E-51	682.2E-48
66							636.97E-69	449.8E-60	563.25E-54	31.921E-48
67							3.3554E-69	8.293E-60	17.802E-54	1.4293E-48
68							13.062E-72	139.89E-63	531.3E-57	61.203E-51
69							33.406E-75	2.1467E-63	14.947E-57	2.5045E-51
70							42.108E-78	29.765E-66	395.66E-60	97.864E-54

71								369.9E-69	9.834E-60	3.6486E-54
72								4.0798E-69	228.98E-63	129.67E-57
73								39.45E-72	4.9818E-63	4.3885E-57
74								329.27E-75	100.98E-66	141.28E-60
75								2.3243E-75	1.9008E-66	4.3216E-60
76								13.492E-78	33.103E-69	125.43E-63
77								61.844E-81	531.06E-72	3.4496E-63
78								209.88E-84	7.8098E-72	89.753E-66
79								468.82E-87	104.67E-75	2.2054E-66
80								517.09E-90	1.2699E-75	51.081E-69
81									13.834E-78	1.1129E-69
82									133.97E-81	22.752E-72
83									1.1394E-81	435.38E-75
84									8.3777E-84	7.7746E-75
85									52.179E-87	129.13E-78
86									267.68E-90	1.9873E-78
87									1.0859E-90	28.217E-81
88									3.2664E-93	367.8E-84
89									6.4768E-96	4.3756E-84
90									6.3498E-99	47.188E-87
91										457.55E-90
92										3.9494E-90
93										29.977E-93
94										196.97E-96
95										1.0977E-96
96										5.0444E-99
97										18.354E-102
98										49.576E-105
99										88.371E-108
100										77.975E-111

Apuestas repetidas en semipleno – ruleta americana

Suponga que colocamos una apuesta en semipleno. Denotamos con A el suceso *cuando un número del semipleno elegido aparece.*

Después de cada giro, el suceso A puede ocurrir con la probabilidad de $p = 2/38 = 1/19$ y no ocurrirá con la probabilidad de $q = 1 - p = 18/19$.

La probabilidad para que el suceso A ocurra exactamente m veces en n giros ($m \leq n$) se obtiene de la fórmula:

$$P(B_m) = C_n^m \left(\frac{1}{19}\right)^m \left(\frac{18}{19}\right)^{n-m}$$

La siguiente tabla anota los rendimientos numéricos de esta fórmula para incrementar n desde 10 hasta 100 giros en incrementos de 10.

n m	10	20	30	40	50	60	70	80	90	100
1	323.53E-3	376.82E-3	329.17E-3	255.59E-3	186.06E-3	130.02E-3	88.338E-3	58.794E-3	38.519E-3	24.924E-3
2	80.883E-3	198.88E-3	265.16E-3	276.89E-3	253.24E-3	213.09E-3	169.31E-3	129.02E-3	95.227E-3	68.541E-3
3	11.983E-3	66.293E-3	137.49E-3	194.85E-3	225.1E-3	228.87E-3	213.21E-3	186.36E-3	155.18E-3	124.39E-3
4	1.165E-3	15.652E-3	51.559E-3	100.13E-3	146.94E-3	181.19E-3	198.41E-3	199.3E-3	187.51E-3	167.58E-3
5	77.665E-6	2.7827E-3	14.895E-3	40.052E-3	75.104E-3	112.74E-3	145.5E-3	168.3E-3	179.18E-3	178.75E-3
6	3.5956E-6	386.48E-6	3.4479E-3	12.98E-3	31.293E-3	57.415E-3	87.568E-3	116.88E-3	141.02E-3	157.24E-3
7	114.15E-9	42.942E-6	656.74E-6	3.5025E-3	10.928E-3	24.606E-3	44.479E-3	68.641E-3	94.014E-3	117.3E-3
8	2.3781E-9	3.8767E-6	104.9E-6	802.66E-6	3.2632E-3	9.0565E-3	19.459E-3	34.797E-3	54.189E-3	75.758E-3
9	29.359E-12	287.16E-9	14.245E-6	158.55E-6	846.01E-6	2.907E-3	7.4475E-3	15.465E-3	27.429E-3	43.023E-3
10	163.1E-15	17.549E-9	1.6619E-6	27.306E-6	192.7E-6	823.66E-6	2.5239E-3	6.1002E-3	12.343E-3	21.751E-3
11		886.31E-12	167.87E-9	4.1372E-6	38.93E-6	207.99E-6	764.81E-6	2.1567E-3	4.9871E-3	9.8866E-3
12		36.93E-12	14.767E-9	555.46E-9	7.029E-6	47.184E-6	208.91E-6	688.93E-6	1.824E-3	4.0737E-3
13		1.2626E-12	1.1359E-9	66.465E-9	1.1415E-6	9.6787E-6	51.78E-6	200.2E-6	607.99E-6	1.532E-3
14		35.071E-15	76.627E-12	7.1213E-9	167.6E-9	1.8052E-6	11.712E-6	53.228E-6	185.78E-6	528.89E-6
15		779.35E-18	4.5409E-12	685.75E-12	22.346E-9	307.55E-9	2.4292E-6	13.011E-6	52.292E-6	168.46E-6
16		13.53E-18	236.5E-15	59.527E-12	2.7157E-9	48.054E-9	463.91E-9	2.9366E-6	13.618E-6	49.72E-6
17		176.87E-21	10.82E-15	4.6688E-12	301.74E-12	6.9097E-9	81.866E-9	614.19E-9	3.2932E-6	13.649E-6
18		1.6377E-21	434.15E-18	331.43E-15	30.733E-12	917.03E-12	13.392E-9	119.43E-9	741.99E-9	3.4964E-6
19		9.577E-24	15.233E-18	21.32E-15	2.8756E-12	112.62E-12	2.0362E-9	21.65E-9	156.21E-9	838.32E-9
20		26.603E-27	465.47E-21	1.2437E-15	247.62E-15	12.826E-12	288.46E-12	3.6685E-9	30.808E-9	188.62E-9
21			12.314E-21	65.802E-18	19.652E-15	1.3572E-12	38.155E-12	582.3E-12	5.7051E-9	39.92E-9
22			279.86E-24	3.1572E-18	1.4392E-15	133.67E-15	4.7213E-12	86.757E-12	994.07E-12	7.9638E-9
23			5.408E-24	137.27E-21	97.336E-18	12.269E-15	547.39E-15	12.154E-12	163.28E-12	1.5004E-9
24			87.629E-27	5.4018E-21	6.0835E-18	1.0508E-15	59.554E-15	1.6037E-12	25.323E-12	267.44E-12

#											
25				1.1684E-27	192.06E-24	351.49E-21	84.066E-18	6.0878E-15	199.57E-15	3.7141E-12	45.167E-12
26				12.483E-30	6.1559E-24	18.776E-21	6.287E-18	585.36E-18	23.454E-15	515.84E-15	7.2383E-12
27				102.74E-33	177.33E-27	927.23E-24	439.83E-21	52.996E-18	2.606E-15	67.93E-15	1.1021E-12
28				611.54E-36	4.574E-27	42.314E-24	28.798E-21	4.5215E-18	274.04E-18	8.4912E-15	159.63E-15
29				2.3431E-36	105.15E-30	1.7833E-24	1.7654E-21	363.8E-21	27.299E-18	1.0085E-15	22.019E-15
30				4.339E-39	2.1419E-30	69.352E-27	101.35E-24	27.622E-21	2.5783E-18	113.93E-18	2.895E-15
31					38.386E-33	2.4857E-27	5.4488E-24	1.98E-21	231.03E-21	12.25E-18	363.18E-18
32					599.78E-36	81.995E-30	274.33E-27	134.07E-24	19.653E-21	1.2548E-18	43.506E-18
33					8.0778E-36	2.4847E-30	12.931E-27	8.5766E-24	1.5882E-21	122.52E-21	4.9804E-18
34					92.393E-39	69.019E-33	570.51E-30	518.52E-27	121.97E-24	11.411E-21	545.24E-21
35					879.93E-42	1.7529E-33	23.545E-30	29.63E-27	8.9055E-24	1.0143E-21	57.121E-21
36					6.7896E-42	40.576E-36	908.36E-33	1.6004E-27	618.44E-27	86.094E-24	5.7297E-21
37					40.778E-45	852.94E-39	32.734E-33	81.7E-30	40.858E-27	6.9806E-24	550.6E-24
38					178.85E-48	16.211E-39	1.1007E-33	3.9417E-30	2.5685E-27	540.9E-27	50.713E-24
39					509.55E-51	277.11E-42	34.495E-36	179.68E-33	153.67E-30	40.066E-27	4.479E-24
40					707.71E-54	4.2336E-42	1.0061E-36	7.7361E-33	8.7508E-30	2.838E-27	379.47E-27
41						57.366E-45	27.265E-39	314.48E-36	474.3E-33	192.28E-30	30.851E-27
42						682.93E-48	685.24E-42	12.063E-36	24.468E-33	12.462E-30	2.4077E-27
43						7.0587E-48	15.936E-42	436.4E-39	1.2013E-33	772.87E-33	180.42E-30
44						62.388E-51	342.06E-45	14.877E-39	56.12E-36	45.865E-33	12.985E-30
45						462.13E-54	6.7567E-45	477.54E-42	2.4942E-36	2.6047E-33	897.72E-33
46						2.7906E-54	122.4E-48	14.418E-42	105.43E-39	141.56E-36	59.631E-33
47						13.195E-57	2.0256E-48	409.03E-45	4.2372E-39	7.3623E-36	3.8062E-33
48						45.814E-60	30.478E-51	10.889E-45	161.84E-42	366.41E-39	233.48E-36
49						103.89E-63	414.66E-54	271.6E-48	5.8717E-42	17.448E-39	13.765E-36
50						115.43E-66	5.0681E-54	6.3373E-48	202.25E-45	794.86E-42	780.04E-39
51							55.208E-57	138.07E-51	6.6093E-45	34.635E-42	42.486E-39
52							530.85E-60	2.8026E-51	204.78E-48	1.4431E-42	2.2242E-39
53							4.4516E-60	52.88E-54	6.0102E-48	57.482E-45	111.91E-42
54							32.059E-63	924.86E-57	166.95E-51	2.1881E-45	5.4112E-42
55							194.29E-66	14.947E-57	4.3846E-51	79.568E-48	251.43E-45
56							963.76E-69	222.43E-60	108.74E-54	2.7628E-48	11.224E-45
57							3.7573E-69	3.0351E-60	2.5437E-54	91.554E-51	481.36E-48
58							10.797E-72	37.793E-63	56.04E-57	2.8939E-51	19.826E-48
59							20.333E-75	427.04E-66	1.1609E-57	87.199E-54	784.09E-51
60							18.827E-78	4.3495E-66	22.573E-60	2.5029E-54	29.766E-51
61								39.613E-69	411.17E-63	68.387E-57	1.0844E-51
62								319.46E-72	7.0001E-63	1.7771E-57	37.895E-54
63								2.2537E-72	111.11E-66	43.878E-60	1.2699E-54
64								13.694E-75	1.6397E-66	1.0284E-60	40.785E-57
65								70.227E-78	22.423E-69	22.853E-63	1.2549E-57
66								295.57E-81	283.12E-72	480.92E-66	36.972E-60
67								980.33E-84	3.2866E-72	9.5705E-66	1.0423E-60
68								2.4028E-84	34.907E-75	179.84E-69	28.102E-63
69								3.8692E-87	337.27E-78	3.1855E-69	724.04E-66

70							3.0708E-90	2.9444E-78	53.092E-72	17.814E-66
71								23.039E-81	830.87E-75	418.16E-69
72								159.99E-84	12.181E-75	9.357E-69
73								974.09E-87	166.86E-78	199.39E-72
74								5.1191E-87	2.1296E-78	4.0417E-72
75								22.751E-90	25.24E-81	77.839E-75
76								83.156E-93	276.75E-84	1.4225E-75
77								239.99E-96	2.7955E-84	24.632E-78
78								512.8E-99	25.884E-87	403.52E-81
79								721.23E-102	218.43E-90	6.2429E-81
80								500.85E-105	1.6686E-90	91.042E-84
81									11.444E-93	1.2489E-84
82									69.782E-96	16.076E-87
83									373.67E-99	193.69E-90
84									1.7299E-99	2.1777E-90
85									6.7841E-102	22.773E-93
86									21.912E-105	220.67E-96
87									55.97E-108	1.9728E-96
88									106E-111	16.191E-99
89									132.34E-114	121.28E-102
90									81.691E-117	823.51E-105
91										5.0275E-105
92										27.324E-108
93										130.58E-111
94										540.22E-114
95										1.8955E-114
96										5.4847E-117
97										12.565E-120
98										21.369E-123
99										23.983E-126
100										13.324E-129

Apuestas repetidas en semipleno – ruleta europea

Después de cada giro, el suceso A puede ocurrir con la probabilidad de $p = 2/37$ y no ocurrir con la probabilidad $q = 1 - p = 35/37$.

La probabilidad para que el suceso A ocurra exactamente m veces en n giros ($m \leq n$) se obtiene de la fórmula:

$$P(B_m) = C_n^m \left(\frac{2}{37}\right)^m \left(\frac{35}{37}\right)^{n-m}$$

La siguiente tabla anota los rendimientos numéricos de esta fórmula para incrementar n desde 10 hasta 100 giros en incrementos de 10.

m \ n	10	20	30	40	50	60	70	80	90	100
1	327.81E-3	376.11E-3	323.65E-3	247.56E-3	177.52E-3	122.21E-3	81.79E-3	53.624E-3	34.608E-3	22.059E-3
2	84.295E-3	204.18E-3	268.17E-3	275.85E-3	248.53E-3	206E-3	161.24E-3	121.04E-3	88.003E-3	62.397E-3
3	12.845E-3	70.003E-3	143.02E-3	199.66E-3	227.23E-3	227.59E-3	208.85E-3	179.83E-3	147.51E-3	116.47E-3
4	1.2845E-3	17.001E-3	55.165E-3	105.54E-3	152.57E-3	185.32E-3	199.9E-3	197.81E-3	183.33E-3	161.4E-3
5	88.079E-6	3.1087E-3	16.392E-3	43.42E-3	80.206E-3	118.6E-3	150.78E-3	171.81E-3	180.19E-3	177.08E-3
6	4.1942E-6	444.1E-6	3.9029E-3	14.473E-3	34.374E-3	62.126E-3	93.34E-3	122.72E-3	145.87E-3	160.21E-3
7	136.96E-9	50.754E-6	764.64E-6	4.0171E-3	12.347E-3	27.386E-3	48.766E-3	74.134E-3	100.02E-3	122.94E-3
8	2.9348E-9	4.7129E-6	125.62E-6	946.89E-6	3.7922E-3	10.368E-3	21.945E-3	38.656E-3	59.3E-3	81.667E-3
9	37.267E-12	359.08E-9	17.547E-6	192.38E-6	1.0112E-3	3.423E-3	8.6385E-3	17.671E-3	30.874E-3	47.704E-3
10	212.95E-15	22.571E-9	2.1056E-6	34.08E-6	236.92E-6	997.55E-6	3.0111E-3	7.1694E-3	14.29E-3	24.806E-3
11		1.1725E-9	218.77E-9	5.3111E-6	49.23E-6	259.1E-6	938.53E-6	2.6071E-3	5.9387E-3	11.598E-3
12		50.25E-12	19.793E-9	733.44E-9	9.1428E-6	60.458E-6	263.68E-6	856.61E-6	2.2341E-3	4.9152E-3
13		1.767E-12	1.5661E-9	90.269E-9	1.5271E-6	12.756E-6	67.225E-6	256.04E-6	765.97E-6	1.9013E-3
14		50.487E-15	108.66E-12	9.948E-9	230.63E-9	2.4471E-6	15.64E-6	70.019E-6	240.73E-6	675.14E-6
15		1.154E-15	6.6234E-12	985.33E-12	31.629E-9	428.82E-9	3.3365E-6	17.605E-6	69.698E-6	221.19E-6
16		20.607E-18	354.82E-15	87.976E-12	3.9536E-9	68.917E-9	655.39E-9	4.0868E-6	18.669E-6	67.146E-6
17		277.07E-21	16.698E-15	7.0972E-12	451.85E-12	10.193E-9	118.96E-9	879.19E-9	4.6438E-6	18.959E-6
18		2.6387E-21	689.11E-18	518.21E-15	47.336E-12	1.3914E-9	20.016E-9	175.84E-9	1.0762E-6	4.9955E-6
19		15.872E-24	24.87E-18	34.288E-15	4.5557E-12	175.75E-12	3.1303E-9	32.788E-9	233.04E-9	1.232E-6
20		45.349E-27	781.63E-21	2.0573E-15	403.5E-15	20.588E-12	456.13E-12	5.7144E-9	47.273E-9	285.12E-9
21			21.269E-21	111.96E-18	32.939E-15	2.2409E-12	62.058E-12	932.97E-12	9.0044E-9	62.066E-9
22			497.19E-24	5.5253E-18	2.4811E-15	227E-15	7.8983E-12	142.97E-12	1.6138E-9	12.736E-9
23			9.8821E-24	247.09E-21	172.6E-18	21.431E-15	941.91E-15	20.603E-12	272.64E-12	2.468E-9
24			164.7E-27	10.001E-21	11.096E-18	1.888E-15	105.4E-15	2.7961E-12	43.492E-12	452.47E-12
25			2.2588E-27	365.76E-24	659.4E-21	155.35E-18	11.083E-15	357.9E-15	6.5611E-12	78.601E-12

#										
26			24.822E-30	12.058E-24	36.231E-21	11.95E-18	1.0961E-15	43.262E-15	937.3E-15	12.956E-12
27			210.13E-33	357.28E-27	1.8403E-21	859.92E-21	102.07E-18	4.9442E-15	126.96E-15	2.0291E-12
28			1.2865E-33	9.4788E-27	86.381E-24	57.913E-21	8.957E-18	534.78E-18	16.323E-15	302.3E-15
29			5.07E-36	224.13E-30	3.7446E-24	3.6517E-21	741.27E-21	54.796E-18	1.9941E-15	42.887E-15
30			9.6571E-39	4.6961E-30	149.78E-27	215.62E-24	57.89E-21	5.323E-18	231.7E-18	5.8E-15
31				86.563E-33	5.522E-27	11.924E-24	4.2684E-21	490.6E-21	25.626E-18	748.39E-18
32				1.3912E-33	187.35E-30	617.48E-27	297.26E-24	42.927E-21	2.6999E-18	92.212E-18
33				19.272E-33	5.8396E-30	29.938E-27	19.56E-24	3.568E-21	271.16E-21	10.858E-18
34				226.73E-39	166.84E-33	1.3586E-27	1.2163E-24	281.84E-24	25.976E-21	1.2227E-18
35				2.221E-39	4.3584E-33	57.669E-30	71.491E-27	21.167E-24	2.375E-21	131.75E-21
36				17.627E-42	103.77E-36	2.2885E-30	3.9717E-27	1.5119E-24	207.34E-24	13.593E-21
37				108.89E-45	2.2437E-36	84.823E-33	208.55E-30	102.74E-27	17.292E-24	1.3436E-21
38				491.25E-48	43.862E-39	2.9337E-33	10.349E-30	6.6434E-27	1.3781E-24	127.28E-24
39				1.4396E-48	771.2E-42	94.567E-36	485.24E-33	408.82E-30	105E-27	11.563E-24
40				2.0565E-51	12.119E-42	2.837E-36	21.489E-33	23.945E-30	7.65E-27	1.0076E-24
41					168.9E-45	79.081E-39	898.5E-36	1.3349E-30	533.1E-30	84.26E-27
42					2.0682E-45	2.0443E-39	35.451E-36	70.833E-33	35.54E-30	6.7638E-27
43					21.988E-48	48.899E-42	1.3191E-36	3.577E-33	2.267E-30	521.33E-30
44					199.89E-51	1.0796E-42	46.255E-39	171.88E-36	138.38E-33	38.592E-30
45					1.5229E-51	21.935E-45	1.5271E-39	7.8574E-36	8.0829E-33	2.7443E-30
46					9.4593E-54	408.72E-48	47.427E-42	341.62E-39	451.84E-36	187.5E-33
47					46.003E-57	6.9569E-48	1.3839E-42	14.122E-39	24.171E-36	12.31E-33
48					164.3E-60	107.67E-51	37.892E-45	554.79E-42	1.2373E-36	776.7E-36
49					383.2E-63	1.5067E-51	972.15E-48	20.703E-42	60.605E-39	47.1E-36
50					437.94E-66	18.941E-54	23.332E-48	733.49E-45	2.8398E-39	2.7453E-36
51						212.23E-57	522.84E-51	24.655E-45	127.27E-42	153.8E-39
52						2.099E-57	10.916E-51	785.72E-48	5.4545E-42	8.2813E-39
53						18.104E-60	211.85E-54	23.72E-48	223.47E-45	428.58E-42
54						134.11E-63	3.8111E-54	677.71E-51	8.7498E-45	21.315E-42
55						835.99E-66	63.354E-57	18.307E-51	327.26E-48	1.0187E-42
56						4.2652E-66	969.71E-60	467.01E-54	11.688E-48	46.777E-45
57						17.104E-69	13.61E-60	11.236E-54	398.39E-51	2.0634E-45
58						50.553E-72	174.31E-63	254.62E-57	12.953E-51	87.414E-48
59						97.923E-75	2.0259E-63	5.4253E-57	401.43E-54	3.5558E-48
60						93.26E-78	21.224E-66	108.51E-60	11.852E-54	138.85E-51
61							198.82E-69	2.0329E-60	333.07E-57	5.2027E-51
62							1.6492E-69	35.599E-63	8.9024E-57	187.01E-54
63							11.967E-72	581.21E-66	226.09E-60	6.4456E-54
64							74.793E-75	8.8219E-66	5.4505E-60	212.94E-57
65							394.51E-78	124.09E-69	124.58E-63	6.7391E-57
66							1.7079E-78	1.6115E-69	2.6966E-63	204.21E-60
67							5.8264E-81	19.242E-72	55.197E-66	5.9218E-60
68							14.688E-84	210.21E-75	1.0668E-66	164.22E-63
69							24.328E-87	2.089E-75	19.437E-69	4.3519E-63
70							19.86E-90	18.759E-78	333.21E-72	110.13E-66

71								150.98E-81	5.3635E-72	2.6591E-66
72								1.0784E-81	80.878E-75	61.201E-69
73								6.7532E-84	1.1396E-75	1.3414E-69
74								36.504E-87	14.96E-78	27.967E-72
75								166.87E-90	182.36E-81	554.02E-75
76								627.34E-93	2.0567E-81	10.414E-75
77								1.8622E-93	21.369E-84	185.48E-78
78								4.0928E-96	203.51E-87	3.1253E-78
79								5.9209E-99	1.7665E-87	49.733E-81
80								4.2292E-102	13.879E-90	746E-84
81									97.914E-93	10.526E-84
82									614.1E-96	139.36E-87
83									3.3823E-96	1.727E-87
84									16.106E-99	19.973E-90
85									64.966E-102	214.83E-93
86									215.83E-105	2.1412E-93
87									567.05E-108	19.689E-96
88									1.1046E-108	166.21E-99
89									1.4185E-111	1.2806E-99
90									900.63E-117	8.9436E-102
91										56.161E-105
92										313.94E-108
93										1.5432E-108
94										6.5668E-111
95										23.7E-114
96										70.534E-117
97										166.21E-120
98										290.74E-123
99										335.63E-126
100										191.79E-129

Apuestas repetidas en pleno – ruleta americana

Suponga que colocamos una apuesta pleno. Denotamos con A el suceso *cuando el número elegido aparece.*

Después de cada giro, el suceso A puede ocurrir con la probabilidad de $p = 1/38$ y no ocurrir con la probabilidad $q = 1 - p = 37/38$.

La probabilidad para que el suceso A ocurra exactamente m veces en n giros ($m \leq n$) se obtiene de la fórmula:

$$P(B_m) = C_n^m \left(\frac{1}{38}\right)^m \left(\frac{37}{38}\right)^{n-m}$$

La siguiente tabla anota los rendimientos numéricos de esta fórmula para incrementar n desde 10 hasta 100 giros en incrementos de 10.

n / m	10	20	30	40	50	60	70	80	90	100
1	207E-3	317.1E-3	364.3E-3	372.03E-3	356.18E-3	327.37E-3	292.53E-3	256.06E-3	220.63E-3	187.76E-3
2	25.176E-3	81.417E-3	142.77E-3	196.07E-3	235.85E-3	261.01E-3	272.76E-3	273.36E-3	265.36E-3	251.2E-3
3	1.8145E-3	13.203E-3	36.013E-3	67.124E-3	101.99E-3	136.38E-3	167.1E-3	192.09E-3	210.37E-3	221.78E-3
4	85.821E-6	1.5165E-3	6.57E-3	16.781E-3	32.389E-3	52.526E-3	75.645E-3	99.939E-3	123.67E-3	145.35E-3
5	2.7834E-6	131.16E-6	923.35E-6	3.2655E-3	8.0534E-3	15.9E-3	26.987E-3	41.056E-3	57.488E-3	75.427E-3
6	62.689E-9	8.8621E-6	103.98E-6	514.83E-6	1.6324E-3	3.9391E-3	7.9016E-3	13.87E-3	22.011E-3	32.277E-3
7	968.17E-12	479.03E-9	9.6353E-6	67.584E-6	277.33E-6	821.29E-6	1.9525E-3	3.9629E-3	7.1387E-3	11.715E-3
8	9.8125E-12	21.039E-9	748.69E-9	7.5347E-6	40.287E-6	147.05E-6	415.57E-6	977.34E-6	2.0017E-3	3.6806E-3
9	58.934E-15	758.15E-12	49.463E-9	724.05E-9	5.0813E-6	22.964E-6	77.373E-6	211.32E-6	492.92E-6	1.0169E-3
10	159.28E-18	22.539E-12	2.8074E-9	60.664E-9	563.06E-9	3.1652E-6	12.756E-6	40.55E-6	107.91E-6	250.09E-6
11		553.8E-15	137.95E-12	4.4715E-9	55.338E-9	388.85E-9	1.8805E-6	6.9742E-6	21.211E-6	55.303E-6
12		11.226E-15	5.9034E-12	292.06E-12	4.8607E-9	42.914E-9	249.89E-9	1.0838E-6	3.774E-6	11.086E-6
13		186.7E-18	220.92E-15	17.001E-12	384.01E-12	4.2824E-9	30.132E-9	153.22E-9	612E-9	2.0281E-6
14		2.523E-18	7.2502E-15	886.17E-15	27.429E-12	388.56E-12	3.3157E-9	19.819E-9	90.972E-9	340.63E-9
15		27.276E-21	209.02E-18	41.514E-15	1.7792E-12	32.205E-12	334.56E-12	2.3568E-9	12.457E-9	52.782E-9
16		230.37E-24	5.296E-18	1.7531E-15	105.19E-18	2.448E-12	31.082E-12	258.77E-12	1.5782E-9	7.5785E-9
17		1.465E-24	117.88E-21	66.893E-18	5.6859E-18	171.25E-15	2.6684E-12	26.33E-12	185.67E-12	1.0121E-9
18		6.5991E-27	2.3009E-21	2.3101E-18	281.73E-18	11.056E-15	212.35E-15	2.4906E-12	20.352E-12	126.13E-12
19		18.774E-30	39.275E-24	72.293E-21	12.824E-18	660.55E-18	15.707E-15	219.66E-15	2.0844E-12	14.712E-12
20		25.37E-33	583.82E-27	2.0516E-21	537.23E-21	36.598E-18	1.0825E-15	18.107E-15	199.99E-15	1.6104E-12
21			7.5138E-27	52.807E-24	20.743E-21	1.8841E-18	69.661E-18	1.3982E-15	18.017E-15	165.81E-15
22			83.077E-30	1.2326E-24	738.99E-24	90.269E-21	4.1933E-18	101.34E-18	1.5272E-15	16.092E-15

23				780.98E-33	26.072E-27	24.314E-24	4.0308E-21	236.52E-21	6.9072E-18	122.03E-18	1.4749E-15
24				6.1564E-33	499.12E-30	739.29E-27	167.95E-24	12.519E-21	443.37E-21	9.2076E-18	127.89E-18
25				39.933E-36	8.6334E-30	20.78E-27	6.5364E-24	622.55E-24	26.842E-21	656.97E-21	10.508E-18
26				207.55E-39	134.62E-33	540.02E-30	237.81E-27	29.121E-24	1.5346E-21	44.39E-21	819.22E-21
27				831.04E-42	1.8865E-33	12.974E-30	8.0937E-27	1.2826E-24	82.952E-24	2.8438E-21	60.683E-21
28				2.4065E-42	23.672E-36	288.02E-33	257.81E-30	53.236E-27	4.2437E-24	172.93E-24	4.2759E-21
29				4.4855E-45	264.74E-39	5.9054E-33	7.6887E-30	2.0838E-27	205.66E-27	9.9925E-24	286.92E-24
30				4.041E-48	2.6236E-39	111.72E-36	214.73E-33	76.969E-30	9.4491E-27	549.14E-27	18.353E-24
31					22.873E-42	1.9481E-36	5.6163E-33	2.6842E-30	411.91E-30	28.726E-27	1.12E-24
32					173.87E-45	31.262E-39	137.56E-36	88.415E-33	17.047E-30	1.4314E-27	65.273E-27
33					1.1392E-45	460.86E-42	3.1545E-36	2.7517E-33	670.14E-33	67.996E-30	3.6352E-27
34					6.3389E-48	6.2279E-42	67.705E-39	80.931E-36	25.037E-33	3.0809E-30	193.61E-30
35					29.369E-51	76.946E-45	1.3593E-39	2.2498E-36	889.35E-36	133.23E-33	9.8672E-30
36					110.25E-54	866.51E-48	25.513E-42	59.117E-39	30.046E-36	5.5011E-33	481.51E-33
37					322.12E-57	8.8614E-48	447.27E-45	1.4682E-39	965.67E-39	216.99E-36	22.51E-33
38					687.31E-60	81.933E-51	7.3166E-45	34.46E-42	29.533E-39	8.1796E-36	1.0086E-33
39					952.62E-63	681.35E-54	111.55E-48	764.19E-45	859.6E-42	294.76E-39	43.337E-36
40					643.66E-66	5.0641E-54	1.5828E-48	16.007E-45	23.813E-42	10.157E-39	1.7862E-36
41						33.382E-57	20.867E-51	316.55E-48	627.9E-45	334.78E-42	70.647E-39
42						193.33E-60	255.14E-54	5.9072E-48	15.758E-45	10.556E-42	2.6822E-39
43						972.14E-63	2.8865E-54	103.96E-51	376.37E-48	318.48E-45	97.78E-42
44						4.18E-63	30.142E-57	1.7242E-51	8.554E-48	9.1944E-45	3.4235E-42
45						15.063E-66	289.65E-60	26.924E-54	184.95E-51	254.02E-48	115.15E-45
46						44.251E-69	2.5527E-60	395.48E-57	3.8033E-51	6.7161E-48	3.7209E-45
47						101.78E-72	20.551E-63	5.458E-57	74.361E-54	169.93E-51	115.54E-48
48						171.93E-75	150.43E-66	70.683E-60	1.3817E-54	4.1143E-51	3.4481E-48
49						189.67E-78	995.67E-69	857.71E-63	24.387E-57	95.312E-54	98.897E-51
50						102.52E-81	5.9202E-69	9.7362E-63	408.65E-60	2.1123E-54	2.7263E-51
51							31.374E-72	103.19E-66	6.4969E-66	44.776E-57	72.24E-54
52							146.76E-75	1.019E-66	97.926E-63	907.63E-60	1.8398E-54
53							598.71E-78	9.3538E-69	1.3982E-63	17.588E-60	45.033E-57
54							2.0976E-78	79.587E-72	18.895E-66	325.7E-63	1.0593E-57
55							6.1845E-81	625.75E-75	241.41E-69	5.7618E-63	23.946E-60
56							14.924E-84	4.53E-75	2.9128E-69	97.328E-66	520.06E-63
57							28.305E-87	30.071E-78	33.147E-72	1.5691E-66	10.85E-63
58							39.57E-90	182.17E-81	355.25E-75	24.128E-69	217.4E-66
59							36.252E-93	1.0014E-81	3.5802E-75	353.69E-72	4.1828E-66
60							16.33E-96	4.9617E-84	33.867E-78	4.9389E-72	77.249E-69
61								21.984E-87	300.11E-81	65.648E-75	1.3691E-69
62								86.248E-90	2.4856E-81	829.9E-78	23.275E-72
63								296E-93	19.194E-84	9.9687E-78	379.43E-75
64								875.01E-96	137.79E-87	113.66E-81	5.9286E-75
65								2.183E-96	916.72E-90	1.2288E-81	88.744E-78
66								4.4697E-99	5.6309E-90	12.58E-84	1.2719E-78
67								7.212E-102	31.8E-93	121.79E-87	17.445E-81

68						8.5994E-105	164.31E-96	1.1133E-87	228.81E-84
69						6.7367E-108	772.32E-99	9.5939E-90	2.8679E-84
70						2.601E-111	3.2801E-99	77.789E-93	34.327E-87
71							12.486E-102	592.23E-96	392.01E-90
72							42.183E-105	4.2238E-96	4.2673E-90
73							124.94E-108	28.148E-99	44.237E-93
74							319.42E-111	174.77E-102	436.23E-96
75							690.65E-114	1.0077E-102	4.0872E-96
76							1.228E-114	5.3753E-105	36.337E-99
77							1.7242E-117	26.414E-108	306.11E-102
78							1.7923E-120	118.98E-111	2.4395E-102
79							1.2263E-123	488.47E-114	18.361E-105
80							414.3E-129	1.8153E-114	130.26E-108
81								6.0569E-117	869.3E-111
82								17.967E-120	5.4439E-111
83								46.805E-123	31.908E-114
84								105.42E-126	174.53E-117
85								201.11E-129	887.91E-120
86								316.01E-132	4.1856E-120
87								392.69E-135	18.204E-123
88								361.81E-138	72.682E-126
89								219.75E-141	264.86E-129
90								65.99E-144	874.91E-132
91									2.5985E-132
92									6.8702E-135
93									15.973E-138
94									32.147E-141
95									54.875E-144
96									77.245E-147
97									86.091E-150
98									71.228E-153
99									38.89E-156
100									10.511E-159

Apuestas repetidas en pleno – ruleta europea

Después de cada giro, el suceso A puede ocurrir con la probabilidad de $p = 1/37$ y no ocurrir con la probabilidad $q = 1 - p = 36/37$.

La probabilidad para que el suceso A ocurra exactamente m veces en n giros ($m \leq n$) se obtiene de la fórmula:

$$P(B_m) = C_n^m \left(\frac{1}{37}\right)^m \left(\frac{36}{37}\right)^{n-m}$$

La siguiente tabla anota los rendimientos numéricos de esta fórmula para incrementar n desde 10 hasta 100 giros en incrementos de 10.

m \ n	10	20	30	40	50	60	70	80	90	100
1	211.21E-3	321.18E-3	366.3E-3	371.35E-3	352.94E-3	322.03E-3	285.66E-3	248.23E-3	212.33E-3	179.38E-3
2	26.401E-3	84.755E-3	147.54E-3	201.15E-3	240.2E-3	263.89E-3	273.76E-3	272.36E-3	262.46E-3	246.65E-3
3	1.9556E-3	14.126E-3	38.251E-3	70.775E-3	106.75E-3	141.72E-3	172.37E-3	196.7E-3	213.86E-3	223.81E-3
4	95.064E-6	1.6676E-3	7.172E-3	18.185E-3	34.844E-3	56.096E-3	80.198E-3	105.18E-3	129.21E-3	150.76E-3
5	3.1688E-6	148.23E-6	1.036E-3	3.6371E-3	8.9045E-3	17.452E-3	29.406E-3	44.41E-3	61.732E-3	80.406E-3
6	73.352E-9	10.294E-6	119.9E-6	589.34E-6	1.8551E-3	4.4438E-3	8.849E-3	15.42E-3	24.293E-3	35.364E-3
7	1.1643E-9	571.89E-9	11.419E-6	79.514E-6	323.91E-6	952.25E-6	2.2474E-3	4.5282E-3	8.0975E-3	13.191E-3
8	12.128E-12	25.814E-9	911.96E-9	9.111E-6	48.361E-6	175.24E-6	491.61E-6	1.1478E-3	2.3337E-3	4.2597E-3
9	74.866E-15	956.09E-12	61.923E-9	899.85E-9	6.269E-6	28.125E-6	94.074E-6	255.06E-6	590.62E-6	1.2095E-3
10	207.96E-18	29.214E-12	3.6122E-9	77.487E-9	713.97E-9	3.9844E-6	15.94E-6	50.303E-6	132.89E-6	305.74E-6
11		737.72E-15	182.43E-12	5.8702E-9	72.118E-9	503.08E-9	2.4152E-6	8.892E-6	26.846E-6	69.487E-6
12		15.369E-15	8.0237E-12	394.07E-12	6.5107E-9	57.062E-9	329.85E-9	1.4203E-6	4.9094E-6	14.316E-6
13		262.72E-18	308.6E-15	23.577E-12	528.64E-12	5.8525E-9	40.879E-9	206.36E-9	818.23E-9	2.6918E-6
14		3.6489E-18	10.409E-15	1.263E-12	38.809E-12	545.77E-12	4.6232E-9	27.433E-9	125.01E-9	464.66E-9
15		40.544E-21	308.42E-18	60.813E-15	2.5873E-12	46.491E-12	479.45E-12	3.3529E-9	17.594E-9	74.002E-9
16		351.94E-24	8.0318E-18	2.6394E-15	157.21E-15	3.6321E-12	45.781E-12	378.37E-12	2.2908E-9	10.92E-9
17		2.3003E-24	183.74E-21	103.51E-18	8.7341E-15	261.13E-15	4.0395E-12	39.568E-12	277E-12	1.4989E-9
18		10.649E-27	3.686E-21	3.6739E-18	444.79E-18	17.328E-15	330.39E-15	3.8469E-12	31.205E-12	191.99E-12
19		31.139E-30	64.667E-24	118.17E-21	20.809E-18	1.064E-15	25.117E-15	348.69E-15	3.2847E-12	23.016E-12
20		43.248E-33	987.97E-27	3.4465E-21	895.94E-21	60.59E-18	1.7791E-15	29.542E-15	323.91E-15	2.5893E-12
21			13.068E-27	91.177E-24	35.553E-21	3.2058E-18	117.67E-18	2.3446E-15	29.992E-15	274E-15
22			148.51E-30	2.1873E-24	1.3018E-21	157.86E-21	7.28E-18	174.66E-18	2.6129E-15	27.331E-15
23			1.4348E-30	47.551E-27	44.023E-24	7.2449E-21	422.03E-21	12.235E-18	214.59E-18	2.5746E-15
24			11.625E-33	935.6E-30	1.3757E-24	310.26E-24	22.957E-21	807.15E-21	16.64E-18	229.45E-18

#										
25			77.499E-36	16.633E-30	39.743E-27	12.41E-24	1.1734E-21	50.223E-21	1.2203E-18	19.376E-18
26			413.99E-39	266.55E-33	1.0615E-27	464.06E-27	56.413E-24	2.9511E-21	84.743E-21	1.5526E-18
27			1.7037E-39	3.8392E-33	26.21E-30	16.233E-27	2.5537E-24	163.95E-24	5.5798E-21	118.2E-21
28			5.0704E-42	49.514E-36	598.05E-33	531.42E-30	108.94E-27	8.6205E-24	348.74E-24	8.56E-21
29			9.7134E-45	569.13E-39	12.603E-33	16.289E-30	4.3825E-27	429.37E-27	20.71E-24	590.35E-24
30			8.9939E-48	5.7967E-39	245.05E-36	467.55E-33	166.37E-30	20.276E-27	1.1698E-24	38.81E-24
31				51.941E-42	4.3916E-36	12.568E-33	5.9631E-30	908.42E-30	62.89E-27	2.4343E-24
32				405.79E-45	72.43E-39	316.39E-36	201.88E-33	38.639E-30	3.2209E-27	145.8E-27
33				2.7326E-45	1.0974E-39	7.4571E-36	6.4573E-33	1.5612E-30	157.25E-30	8.3457E-27
34				15.628E-48	15.242E-42	164.5E-39	195.2E-36	59.947E-33	7.323E-30	456.83E-30
35				74.417E-51	193.55E-45	3.3943E-39	5.5771E-36	2.1886E-33	325.47E-33	23.929E-30
36				287.1E-54	2.2402E-45	65.477E-42	150.62E-39	75.992E-36	13.812E-33	1.2002E-30
37				862.18E-57	23.545E-48	1.1798E-42	3.8445E-39	2.5102E-36	559.95E-36	57.665E-33
38				1.8907E-57	223.75E-51	19.835E-45	92.741E-42	78.903E-39	21.694E-36	2.6556E-33
39				2.6934E-60	1.9124E-51	310.81E-48	2.1138E-42	2.3604E-39	803.49E-39	117.27E-36
40				1.8704E-63	14.608E-54	4.5326E-48	45.504E-45	67.205E-42	28.457E-39	4.9678E-36
41					98.974E-57	61.418E-51	924.89E-48	1.8213E-42	963.98E-42	201.94E-39
42					589.13E-60	771.79E-54	17.739E-48	46.977E-45	31.24E-42	7.88E-39
43					3.0446E-60	8.9743E-54	320.87E-51	1.1532E-45	968.69E-45	295.25E-42
44					13.455E-63	96.315E-57	5.4693E-51	26.937E-48	28.743E-45	10.624E-42
45					49.832E-66	951.26E-60	87.779E-54	598.59E-51	816.15E-48	367.26E-45
46					150.46E-69	8.6164E-60	1.3252E-54	12.651E-51	22.178E-48	12.198E-45
47					355.69E-72	71.295E-63	18.797E-57	254.23E-54	576.73E-51	389.29E-48
48					617.53E-75	536.36E-66	250.19E-60	4.855E-54	14.352E-51	11.94E-48
49					700.14E-78	3.6487E-66	3.1202E-60	88.073E-57	341.7E-54	351.97E-51
50					388.97E-81	22.298E-69	36.403E-63	1.5168E-57	7.7832E-54	9.9726E-51
51						121.45E-72	396.54E-66	24.784E-60	169.57E-57	271.58E-54
52						583.88E-75	4.0248E-66	383.95E-63	3.5327E-57	7.1088E-54
53						2.4481E-75	37.969E-69	5.6344E-63	70.358E-60	178.84E-57
54						8.8153E-78	332.04E-72	78.256E-66	1.3391E-60	4.3237E-57
55						26.713E-81	2.6831E-72	1.0276E-66	24.348E-63	100.45E-60
56						66.252E-84	19.964E-75	12.743E-69	422.7E-66	2.2422E-60
57						129.15E-87	136.2E-78	149.04E-72	7.0038E-66	48.078E-63
58						185.56E-90	848.02E-81	1.6417E-72	110.69E-69	990.12E-66
59						174.72E-93	4.7911E-81	17.005E-75	1.6677E-69	19.579E-66
60						80.89E-96	24.399E-84	165.33E-78	23.934E-72	371.63E-69
61							111.11E-87	1.5057E-78	326.97E-75	6.7692E-69
62							448.01E-90	12.817E-81	4.2483E-75	118.28E-72
63							1.5803E-90	101.72E-84	52.448E-78	1.9818E-72
64							4.8012E-93	750.57E-87	614.62E-81	31.825E-75
65							12.311E-96	5.1321E-87	6.8292E-81	489.62E-78
66							25.907E-99	32.4E-90	71.856E-84	7.2124E-78
67							42.963E-102	188.06E-93	714.98E-87	101.67E-81
68							52.65E-105	998.68E-96	6.7176E-87	1.3705E-81
69							42.392E-108	4.8245E-96	59.495E-90	17.655E-84

70							16.822E-111	21.059E-99	495.79E-93	217.19E-87
71								82.392E-102	3.8794E-93	2.5492E-87
72								286.08E-105	28.437E-96	28.521E-90
73								870.88E-108	194.78E-99	303.88E-93
74								2.2883E-108	1.2429E-99	3.0798E-93
75								5.0852E-111	7.3656E-102	29.658E-96
76								9.2932E-114	40.381E-105	270.99E-99
77								13.41E-117	203.95E-108	2.3463E-99
78								14.327E-120	944.2E-111	19.218E-102
79								10.075E-123	3.984E-111	148.66E-105
80								3.4983E-126	15.217E-114	1.084E-105
81									52.183E-117	7.4348E-108
82									159.09E-120	47.853E-111
83									425.95E-123	288.27E-114
84									986.01E-126	1.6206E-114
85									1.9333E-126	8.4736E-117
86									3.1223E-129	41.054E-120
87									3.9876E-132	183.51E-123
88									3.7762E-135	753.05E-126
89									2.3572E-138	2.8204E-126
90									727.52E-144	9.5754E-129
91										29.229E-132
92										79.427E-135
93										189.79E-138
94										392.59E-141
95										688.75E-144
96										996.46E-147
97										1.1414E-147
98										970.59E-153
99										544.67E-156
100										151.3E-159

El martingala

Aquí tenemos algunas probabilidades de sucesos consecutivos del mismo color (en ruleta americana):

2 veces seguidas: $P_2 = \dfrac{9}{19} \cdot \dfrac{9}{19} = 22,43\%$

3 veces seguidas: $P_3 = \dfrac{9}{19} \cdot \dfrac{9}{19} \cdot \dfrac{9}{19} = 10,62\%$

4 veces seguidas: $P_4 = \dfrac{9}{19} \cdot \dfrac{9}{19} \cdot \dfrac{9}{19} \cdot \dfrac{9}{19} = 5,03\%$

5 veces seguidas: $P_5 = \dfrac{9}{19} \cdot \dfrac{9}{19} \cdot \dfrac{9}{19} \cdot \dfrac{9}{19} \cdot \dfrac{9}{19} = 2,38\%$

Generalmente, la probabilidad de que el mismo color gane n veces seguidas es $P_n = \left(\dfrac{9}{19}\right)^n$.

Aquí tenemos algunas probabilidades de sucesos consecutivos en la misma columna:

2 veces seguidas: $P_2 = \dfrac{6}{19} \cdot \dfrac{6}{19} = 9,97\%$

3 veces seguidas: $P_3 = \dfrac{6}{19} \cdot \dfrac{6}{19} \cdot \dfrac{6}{19} = 3,14\%$

4 veces seguidas: $P_4 = \dfrac{6}{19} \cdot \dfrac{6}{19} \cdot \dfrac{6}{19} \cdot \dfrac{6}{19} = 0,99\%$

5 veces seguidas: $P_5 = \dfrac{6}{19} \cdot \dfrac{6}{19} \cdot \dfrac{6}{19} \cdot \dfrac{6}{19} \cdot \dfrac{6}{19} = 0,31\%$

Generalmente, la probabilidad de que la misma columna gane n veces seguidas es $P_n = \left(\dfrac{6}{19}\right)^n$.

En un sentido más amplio, si A es un suceso que corresponde a un cierto grupo de números, la probabilidad de que A ocurra n veces seguidas es $P_n = p^n$, donde p es la probabilidad del evento A.

Conforme n incrementa, la probabilidad P_n se hace inferior.

Como es obvio, las probabilidades más bajas son para los sucesos consecutivos del mismo número.

Para la ruleta europea, las cifras no son muy diferentes.

Un sistema frecuentemente usado, el tan llamado *doble la apuesta* o sistema *martingala*, está basado en estas bajas probabilidades de repetición y en una desigualdad matemática.

El monto S es una apuesta en un suceso sencillo (por ejemplo, el color rojo). Si un número rojo no aparece en el primer juego, la apuesta se sube a $2S$ en el segundo juego.

Si un número rojo aún no aparece, la apuesta se sube a $4S$ en el tercer juego, y así sucesivamente.

Cuando un número rojo finalmente aparece, el monto recibido excederá el total de pérdidas de los juegos previos, y eso es algebraicamente probable:

Suponga que n apuestas consecutivas se pierden y el $n+1$ se gana.

El monto total perdido es $S + 2S + 4S + ... + 2^{n-1}S$, y el monto recibido es $2^n S$.

Tenemos:

$$S + 2S + 4S + ... + 2^{n-1}S = S(1 + 2^2 + 2^3 + ... + 2^{n-1}) =$$
$$= S(2^n - 1) < 2^n S$$

La primera suma es la pérdida de juegos previos y el último término es el monto recibido cuando aparecen los colores que ganan.

La diferencia entre los dos montos es $2^n S - S(2^n - 1) = S$.

Por supuesto, este cálculo también se mantiene para apuestas repetidas Altos/Bajos o Pares/Impares, que tienen la misma paga (1 a 1).

La desigualdad es también válida para los multiplicadores mayores a 2 de S (3, 4, etc.), y puede también generar mayores ganancias.

Basados en esta certeza matemática y en las bajas probabilidades de la repetición consecutiva de color, el sistema pareciera infalible.

A pesar de eso, se asume el mayor riesgo de consumir la totalidad del monto efectivo disponible antes de ganar la apuesta, así mismo el que la bola de la ruleta constantemente caiga en un color durante una serie de jugadas my extensa.

El mismo método de comprobación es cierto para otras apuestas repetidas con diferentes pagos (columna, docena, línea, esquina, callejón, semipleno o número) porque sus pagos son más altos, lo que incrementa el último término en la desigualdad anterior. Por ejemplo, para una apuesta repetida en columna, tenemos:

$$S + 2S + 4S + ... + 2^{n-1}S = S(1 + 2^2 + 2^3 + ... + 2^{n-1}) =$$
$$= S(2^n - 1) < 2^n S < 2^{n+1} S = 2 \cdot 2^n S$$

El último término es exactamente el monto recibido cuando gana la columna elegida.

En este caso, la utilidad después de n giros es

$$2^{n+1} S - S(2^n - 1) = S(2^n + 1)$$

A diferencia de la apuesta en color, en una apuesta en columna la utilidad depende en n y es significativamente más alta. Pero tenga en mente que la probabilidad para que una columna gane es inferior a la de color.

Por supuesto, la utilidad más alta corresponderá a una apuesta pleno. En este caso, la utilidad después de n giros es

$$35 \cdot 2^n S - S(2^n - 1) = S(34 \cdot 2^n + 1)$$

Conociendo la probabilidad de que un número gane es 1/38, deberíamos esperar que esto ocurra en promedio una vez cada 38 giros.

Supongamos sólo 20 fallos consecutivos, la pérdida acumulada sería $S(2^{20} - 1) = 1048575S$. Para sólo \$1 de un monto apostado S, el jugador necesitaría más de \$1 millón para resistir la pérdida.

Si lo tuviera, ¿lo usaría usted para correr dicha apuesta?

Si su respuesta a esa pregunta es sí, ¿Le dejaría la casa colocar una apuesta de más de \$1 millón en un número? Probablemente no.

Estas son algunas de las razones no matemáticas del porque la casa siempre gana.

Referencias

Bărboianu, C., *Entendiendo las Probabilidades y Calculándolas: Fundamentos de la Teoría de la Probabilidad y Guía de Cálculo Para Principiantes, con Aplicaciones en los Juegos de Azar y en la Vida Cotidiana* [Understanding and Calculating the Odds: Probability Theory Basics and Calculus Guide for Beginners, with Applications in Games of Chance and Everyday Life]. Infarom, Craiova, 2006.

Bărboianu, C., *Guía de la Probabilidad en Juegos de Casino: Las Matemáticas de los Dados, Tragamonedas, Ruleta, Bacarat, Veintiuno, Póker, Lotería y Apuestas Deportivas* [Probability Guide to Gambling: The Mathematics of Dice, Slots, Roulette, Baccarat, Blackjack, Poker, Lottery and Sport Bets]. Infarom, Craiova, 2006.

Trandafir, R., *Introducción a la Teoría de la Probabilidad* [Introducere în teoria probabilităților] (Introduction to Probability Theory). Albatros, Bucharest, 1979.

Probabilidades y utilidades
en la ruleta : las
matematicas de las apuestas
complejas.